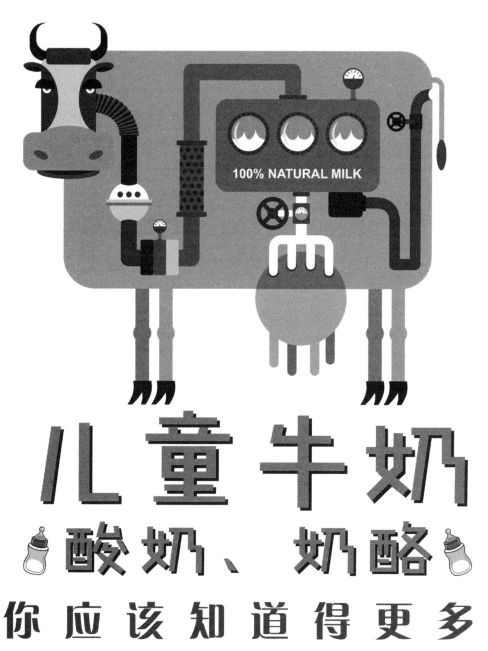

100% NATURAL MILK

儿童牛奶

酸奶、奶酪

你应该知道得更多

朱鹏马鲲/著

北京科学技术出版社

图书在版编目（CIP）数据

儿童牛奶、酸奶、奶酪，你应该知道得更多 / 朱鹏，马鲲著 .—北京：北京科学技术出版社，2019.9

ISBN 978-7-5714-0378-2

Ⅰ.①儿… Ⅱ.①朱…②马… Ⅲ.①儿童食品—乳制品—营养学 Ⅳ.① TS252.1

中国版本图书馆 CIP 数据核字（2019）第 128984 号

儿童牛奶、酸奶、奶酪，你应该知道得更多

作　　者：朱　鹏　马　鲲
策划编辑：潘海坤
责任编辑：张　艳　刘　宁
责任印制：吕　越
封面设计：周　源
出 版 人：曾庆宇
出版发行：北京科学技术出版社
社　　址：北京西直门南大街 16 号
邮政编码：100035
电话传真：0086-10-66135495（总编室）
　　　　　0086-10-66113227（发行部）
　　　　　0086-10-66161952（发行部传真）
电子信箱：bjkj@bjkjpress.com
网　　址：www.bkydw.cn
经　　销：新华书店
印　　刷：三河市华骏印务包装有限公司
开　　本：889mm×1130mm　1/16
字　　数：121 千字
印　　张：11.75
版　　次：2019 年 9 月第 1 版
印　　次：2019 年 9 月第 1 次
ISBN 978-7-5714-0378-2 / T・1020

定　　价：49.80 元

制品成分

奶酪=（奶+凝乳剂-乳清）加或者不加其他配料

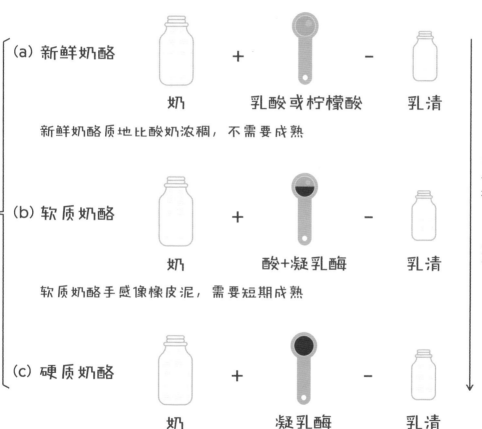

(a) 新鲜奶酪

奶　　　+　　乳酸或柠檬酸　　-　　乳清

新鲜奶酪质地比酸奶浓稠，不需要成熟

(b) 软质奶酪

奶　　　+　　酸+凝乳酶　　-　　乳清

软质奶酪手感像橡皮泥，需要短期成熟

(c) 硬质奶酪

奶　　　+　　凝乳酶　　-　　乳清

硬质奶酪手感像橡皮，需要长期成熟

乳清排出由少到多

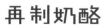

再制奶酪

天然奶酪　　+　　其它配料

1 牛奶=（奶）加或者不加其他配料

(a) 灭菌奶
巴氏奶

奶

注：乳饮料
不属于牛奶

(b) 调制乳

至少80%奶

其它配料

3

天
然
奶
酪

2 酸奶=（奶+发酵菌）加或者不加其他配料

(a) 发酵乳
酸乳

奶

+

发酵菌

(b) 风味发酵乳
风味酸乳

至少80%奶

+

发酵菌

+

其它配料

注：乳酸菌饮料不属于酸奶

目 录

第三章　乳饮料&乳酸菌饮料，
既不是牛奶也不是酸奶………115

100% NATURAL MILK

第一章

牛奶，伴随宝宝一生的营养饮料

　　牛奶被誉为"白色血液"，含有丰富的蛋白质、钙、B族维生素等营养成分。对于儿童来说，牛奶是经济实惠的营养来源，可以为生长发育期的儿童提供优质营养。市面上牛奶产品种类繁多，很多妈妈都为选牛奶犯难。选牛奶，首先应该确保买到的是货真价实的牛奶，而不是那些披着牛奶外衣的乳饮料。

牛奶，人类最古老的天然饮料

人类的饮奶历史，从成为哺乳动物的那一天就开始了。因为哺乳动物就是指能够通过乳腺分泌乳汁，给幼仔哺乳的动物。当然，人类真正开始经常性地饮用其他哺乳动物的奶，是在大约一万年前，开始驯化家畜之后。

牛作为一种吃草产奶、性格温顺、哺乳期长、产奶量大的家畜，慢慢地成为为人类供奶的主角。为人类供奶的牛被称为"奶牛"，相对应的是肉牛，这是人类依据牛的功能性对其进行的分类。奶牛也不是天生就能随时随地产奶的，它们也需要分娩之后才开始产奶。一头奶牛在分娩之后的一年里，有大约300天都在产奶，人们算好日子给它进行人工授精，就可以让奶牛除了2个月的休息期外持续产奶了。人类培育出很多奶牛品种，优质品种的奶牛一年能产六七吨牛奶。

人类开始饮用牛奶后的很长一段时期，由于牛奶的保存和运输比较困难，牛奶的主要消费群体局限于养牛的农户以及附近的区域。因此，人们一直在想办法保存牛奶。各种各样的酸奶和奶酪的发明，其实就是人们为了保存过多的牛奶而做出的尝试。

直到19世纪，法国微生物学家、微生物学的奠基人之一路易·巴斯德发现乳酸菌并发明巴氏杀菌法，同时铁路也在欧洲出现，才极大地扩大了乳制品的销售范围，促进了乳制品生产和消费的发展。

到了20世纪初，人们发明了一种可以迅速生产奶粉的转鼓干燥法，从而使牛奶商可以把过剩的牛奶变成更容易保存的奶粉。大约在1930年，喷雾干燥法也开始逐渐进入工业生产。这种方法是把牛奶雾化成细小的液滴，然后在热空气的作用下蒸发掉其中的水分，从而获得奶粉。相对于转鼓干燥，喷雾干燥的时间大大缩短，既可以大幅提高产量，又可以更好地保证奶粉的质量。

20世纪60年代，人们发明了超高温瞬时灭菌法（UHT），这种方法要比传统的120℃加热20分钟的灭菌法更有利于保持牛奶的营养和风味。经过灭菌处理的牛奶，无须冷藏就可以储存好几个月。但直到20世纪90年代，经UHT处理的牛奶才开始逐渐流行起来。近些年来，人们还发明了通过微滤除菌处理牛奶的方法，以便更好地保留牛奶的风味。

牛奶的营养价值

牛奶是人类古老的天然饮料之一，被誉为"白色血液"，其营养价值不言而喻。牛奶中通常含有约12%的干物质，余下的88%为水分。每100g全脂牛奶约含有3.0g蛋白质、3.6g脂肪、4.6g乳糖以及0.8g矿物质；低脂牛奶的脂肪含量大约是全脂牛奶的一半；脱脂牛奶的脂肪含量则通常低于0.5%。市售牛奶的营养成分含量标准如表1.1所示。

表 1.1　巴氏杀菌乳和灭菌乳的营养成分标准

产品类型	蛋白质含量	脂肪含量
巴氏杀菌乳（100% 奶）	≥ 2.9g/100g	≥ 3.1g/100g
灭菌乳（100% 奶）	≥ 2.9g/100g	≥ 3.1g/100g
调制乳（至少80% 奶）	≥ 2.3g/100g	≥ 2.5g/100g

牛奶中含有丰富的蛋白质、钙、B族维生素等营养成分。除了钙含量丰富，牛奶中的钙磷比也非常适合人体吸收，因而是人类膳食中不可多得的优良钙源。牛奶蛋白是动物蛋白，是一种含有人体所有必需氨基酸的蛋白质，极易被人体消化吸收。

对于儿童来说，牛奶是非常经济实惠的营养来源。例如，每100ml奶约含有100mg的钙，每日饮300ml的牛奶可获得约300mg的钙，加上膳食中其他钙的来源，基本可以满足一日所需的钙。中国营养学会在2016年提出的《中国居民膳食营养素参考摄入量》中，建议不同年龄的儿童每日钙推荐摄入量为：1～3岁600mg，4～6岁800mg，7～10岁1000mg，11～13岁1200mg。

早上和睡前是儿童喝奶的黄金时期。早上喝牛奶，有助于满足儿童上午的营养需要，提高学习效率。夜间生长激素分泌增加，儿童有生长发育的需求，因此在睡前喝奶也是不错的选择。

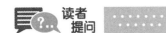

Q: 牛奶放一会儿后上面会起一层皮，这层皮是什么？奶皮比奶液更有营养吗？

A: 牛奶上面起的皮主要是上浮的脂肪以及少量包裹脂肪的蛋白质。如果不喜欢吃奶皮，可以尽快把奶喝掉，别放置太久。奶皮是不是更有营养，要看你所说的"有营养"具体是指什么。如果富含乳脂算有营养，那么奶皮肯定比下面90%都是水的奶液要有营养；如果喝牛奶是为了补钙，那么奶皮肯定没有奶液有营养，因为绝大多数的钙都在下面的奶液里。

Q: 我这段时间在喝进口牛奶，发现包装上的营养成分表中都标注出了一种成分——反式脂肪酸。大家都说人造的反式脂肪酸对人体有害，那么这些纯牛奶中的反式脂肪酸是人造的还是天然的？是否对人体有害呢？

A: 乳制品的脂肪中天然含有1%～6%的反式脂肪酸，这些反式脂肪酸主要是牛胃中的细菌发酵产生的，其含量与季节、奶牛饲料等很多因素有关。牛奶中的反式脂肪酸是天然的，主要以共轭亚油酸为主。共轭亚油酸是由两个双键构成的一种特殊的反式脂肪酸（如图1.1所示），不同于植物油氢化产生的反式脂肪酸（人造的，碳链处于一个双键的两侧，如图1.2所示）。只要摄入量正常，乳脂中的共轭亚油酸不仅对健康没有不利影响，还可能有一些潜在的益处，如促进脂肪代谢等。

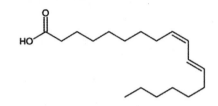

图1.1　共轭亚油酸——特殊的反式脂肪酸

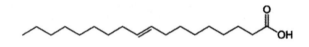

图1.2　普通的反式脂肪酸

为什么牛奶的营养成分表中，有的标注了钙含量，而有的
没有标注？牛奶中到底含有多少钙？

A：普通牛奶的钙含量通常在1～1.2g/L（100～120mg/100ml）。
牛奶除了含钙，还含有其他一些矿物质和维生素等。按
照我国现行的《预包装食品标签通则》，食物中的钙并不
是需要强制标注的营养素，只有钠是需要强制标注的。因
此，对于普通牛奶来说，商家可以选择标注或者不标注钙
含量。

有一些牛奶额外添加了钙，强化钙就成了这种牛奶区别
于其他牛奶的特点。这时候，根据《预包装食品标签通
则》，商家就必须在标签上标注钙含量了。

宝宝多大可以喝牛奶?

很多奶粉厂家都为1岁以上的宝宝量身设计了3段奶粉,声称配方奶粉最能满足宝宝的营养需求。实际上对于1岁以上的宝宝,不管是母乳还是配方奶都已经从主食逐渐变成辅食了。中国营养学会建议13~24月龄的幼儿每天应摄入500ml奶(母乳、配方奶为主),1个鸡蛋加50~75g肉禽鱼,50~100g的谷物类,蔬菜和水果的量以幼儿需要而定。逐渐引入多样化的乳制品,保证乳制品的总摄入量对满足宝宝的营养需求非常重要。很多权威组织都推荐,应该逐渐给1岁后的孩子引入多种多样的乳制品。

美国儿科学会认为,孩子满1岁后就可以开始喝全脂或者低脂(脂肪含量约2%)牛奶了。孩子开始喝牛奶时喝奶量应下降到一日2~3杯,每杯容量8盎司[1美制液体盎司(oz)=29.57毫升(ml)]

中国营养学会最新发布的《7~24月龄婴幼儿喂养指南》建议,13~24月龄的宝宝可引入少量鲜牛奶、酸奶、奶酪,作为食物多样化的一部分逐渐尝试,但是建议少量进食为宜,不能完全替代母乳和/或配方奶。

宝宝的消化功能随着年龄增长不断发育,1岁以后的宝宝已经可以消化大分子的酪蛋白了,家长可以放心地给宝宝添加牛奶。当然,这并不是说配方奶不好,只是大多数情况下,相对于普通牛奶,配方奶的性价比没那么高而已。

"1岁后可以喝牛奶" 不代表 "1岁以后必须喝牛奶"

我国目前的现状是：3岁以下的宝宝营养过剩与营养不良呈严重的两极分化，且均向群体性发展。高段位配方奶粉对于营养不良的3岁以下宝宝来说依然非常重要。

在满足正餐多样、均衡喂养的前提下，强烈建议牛奶与其他乳制品（如酸奶、奶酪）同步摄入，同时家长需要高度关注孩子每日的乳制品摄入量，保证摄入500ml左右（酸奶克数可与牛奶毫升数等量折算，奶酪与牛奶可按1∶10折算）。

如何为宝宝选购牛奶？

■ 真牛奶vs假牛奶，一定要分清

牛奶是大家公认的健康饮品，市面上的牛奶产品种类繁多。很多妈妈在为宝宝挑选牛奶的时候伤透了脑筋，实在不知道该买哪种好。为宝宝选购牛奶，首先应该确保买到的是货真价实的牛奶，而不是那些披着牛奶外衣的乳饮料。那如何识别呢？产品包装上的产品类型、配料表、营养成分表就是识别真假牛奶的照妖镜。

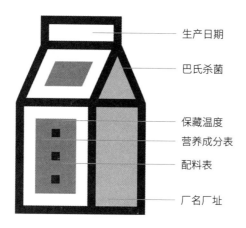

生产日期

巴氏杀菌

保藏温度

营养成分表

配料表

厂名厂址

图 1.3　牛奶包装上的关键信息

巴氏杀菌乳和灭菌乳，含奶量100%

　　选牛奶，首先看产品类型。通常，当你看到一款牛奶产品包装上的"产品类型"一项为巴氏杀菌乳或灭菌乳（如表1.2所示）时，那么恭喜你买到了纯牛奶。

表 1.2　巴氏杀菌乳和灭菌乳的产品类型示意表

配　　　料	生牛乳
规　　　格	1000ml/瓶
产 品 类 型	巴氏杀菌乳
保 质 期	22天

配　　　料	生牛乳
产 品 类 型	全脂灭菌乳
产品标准号	GB 25190
保 质 期	常温密闭保存 6 个月

巴氏杀菌乳就是我们常说的巴氏奶,是以生牛(羊)乳为原料,采用巴氏杀菌法加工而成的牛奶,巴氏奶的包装上会标注"鲜牛奶"。巴氏杀菌乳因脂肪含量不同,可分为全脂乳、低脂乳、脱脂乳和稀奶油;就风味而言,有草莓、巧克力、果汁等风味产品。

灭菌乳就是我们常说的常温奶,其中仅以生牛(羊)乳为原料的超高温灭菌乳包装上会标注"纯牛奶",全部用乳粉生产的灭菌乳应在产品名称紧邻部位标明"复原乳"或"复原奶",在生牛(羊)乳中添加部分乳粉生产的灭菌乳应在产品名称紧邻部位标明"含××%复原乳"或"含××%复原奶"。某复原乳的产品信息如表1.3所示,有关复原乳的知识会在第18页详细介绍。

表1.3 某复原乳包装上的部分信息表

食品名称	××特浓牛奶(调制乳)
净含量	125ml
保质期	8个月
配料表	复原乳(97%)(水、全脂乳粉、炼乳)、食品添加剂(单甘油脂肪酸酯、双甘油脂肪酸酯、蔗糖脂肪酸酯)、食用香精
产品类型	调制乳
贮存条件	常温保存,避免阳光直射

巴氏奶和常温奶的本质区别是热处理条件不一样。巴氏奶采用的是巴氏杀菌技术，它的保质期通常只有二十几天，而且仓储物流必须全程冷链，放在超市的冷藏柜中售卖；而常温奶采用的是超高温灭菌技术，因为高温杀灭了全部的细菌，所以灭菌乳的保质期可以长达6个月以上，常温储存即可。

根据我国国家标准，巴氏奶和常温奶的蛋白质含量应该不低于2.9%，脂肪含量应该不低于3.1%。某常温奶的营养成分表如表1.4所示。

表 1.4　某常温奶的营养成分表

项目	每100ml	NRV%
能量	284kJ	3%
蛋白质	3.1g	5%
脂肪	3.7g	6%
碳水化合物	4.8g	2%
钠	62mg	3%
钙	100mg	13%

调制乳，含奶量80%以上

调制乳是指用不低于80%的牛奶为原料，添加其他原料及食品添加剂或者营养强化剂制成的产品。调制乳也是牛奶家族中的一员。全部用全脂乳粉生产的调制乳，应该在产品名称紧邻部位标明"复原乳"或"复原奶"。根据我国国家标准，调制乳的蛋白质含量应该不低于2.3%，脂肪含量应该不低于2.5%。

市面上的早餐奶、无乳糖奶、高钙奶等大多是调制乳。通过观察产品包装上的产品类型以及营养成分表就可以轻松判断你买的是不是调制乳了（如表1.5所示）。

表 1.5　某调制乳的产品类型和配料表

产品类型	调制乳
配　　料	生牛乳、水、白砂糖、芒果泥、西番莲果酱、稀奶油、蜂蜜、食用盐、食用香精、食品添加剂（微晶纤维素、黄原胶、羧甲基纤维素钠、蔗糖脂肪酸酯、卡拉胶、碳酸氢钠）

调制乳的营养一定不如100%牛奶吗？

未必。调制乳种类繁多，情况复杂。有些调制乳只添加了营养强化剂，没有额外添加糖和香料。这类调制乳可能比普通牛奶的营养价值还要高一点儿，比如强化了维生素D的牛奶就是很好的调制乳。但是这类产品的售价也可能更高，消费者在选购的时候要考虑性价比。

有些调制乳额外添加了糖和香料改善口味，如巧克力奶。这类调制乳的营养价值比普通牛奶低，一般不建议用来代替普通牛奶。调制乳的口感和味道往往更好，因此备受小朋友青睐。虽然喝调制乳总比喝饮料好，但是家长一定要注意看配料表，避免那些牛奶含量不高而糖分含量过高的产品。

配料表首位是水，根本不算奶

有一类很像牛奶的产品，产品类型为"××含乳饮料"（如表1.6所示），每100g所含蛋白质仅为1.0g左右。相比100%牛奶和调制乳，这类产品根本算不上乳制品，确切地说它属于饮料。但是很多商家往往在包装和宣传上有意误导消费者，让消费者误以为含乳饮料和牛奶的营养价值差不多。这类含乳饮料的配料表的第一项往往是"水"，只含有少量牛奶。含乳饮料通常会在产品外包装正面注明"××饮料"或者"××饮品"，大家在选购的时候一定要擦亮眼睛（相关内容详见第三章"乳饮料&乳酸菌饮料，既不是牛奶也不是酸奶"）。

表 1.6　两款乳饮料的产品包装信息表

产 品 类 型	配制型含乳饮料
密闭包装，勿需冷藏，可直接饮用。打开包装后在0~4℃贮存，24小时内饮用完为佳，请勿连同包装在微波炉中加热	
产品标准号	Q/NMRY 100
保 质 期	常温密闭保存8个月
生 产 日 期	见包装顶部
配　　　料	水、鲜牛奶、白砂糖、全脂奶粉、低聚异麦芽糖、食品添加剂

产品参数	
产品类型	含乳饮料
产地	四洲
保质期	12个月
配料	水、炼乳、白砂糖、全脂奶粉、低聚异麦芽糖、食品添加剂
贮存条件	常温保存，避免阳光直射

■ 学会看营养成分表，1分钟快速找出好牛奶

要想快速选出好牛奶，包装上的营养成分表就是最好的工具！

牛奶的主要成分是水，约占88%。水之外的那些物质称为"乳总固体"，主要含有4种成分：脂肪、蛋白质、碳水化合物和矿物质。按照我国相关法规，脂肪、蛋白质、碳水化合物的含量是要标注在产品的营养成分表里的。结合营养成分表提供的信息，就可以很好地选择牛奶了。

脂肪：全脂牛奶中的脂肪含量约为3.6g/100ml，因品种和季节等原因浮动会比较大，因此市面上存在不同脂肪含量的产品。作为脂溶性维生素的载体，脂肪可帮助人体摄入牛奶中的脂溶性维生素。脂肪含量太少的奶会缺乏奶香味，如脱脂牛奶，喝不习惯的消费者会觉得这种奶口感非常差。但是脂肪含量太高，可能不适合需要控制脂肪摄入的消费者。根据自己的需要，选择相应的全脂、低脂或者脱脂产品即可。幼儿一般选择普通的全脂牛奶就好了。

蛋白质：对于大多数消费者来说，喝牛奶主要是为了获取其中的钙和优质蛋白质，而蛋白质指标也是横向衡量牛奶品质的关键指标之一。通常牛奶的蛋白质含量在2.9～3.5g/100ml。在同样的价格下，尽量选择蛋白质含量高的牛奶。

碳水化合物：牛奶中的碳水化合物主要是乳糖，其含量比较稳定，通常在4.5～5.0g/100ml。乳糖有助于矿物质的吸收，但是从另一方面看，如果一次摄入太多乳糖也会给部分乳糖不耐受的人带来一些困扰，因此乳糖可以算是一种有点儿鸡肋的成分。有些调制乳通过添加乳糖酶水解其中的乳糖，这样的产品一般不会导致乳糖不耐受。添加了乳糖酶的牛奶，会在配料表

处标注"乳糖酶"。

矿物质：牛奶中的矿物质种类有很多，人们最感兴趣的当然是其中含量丰富且容易被人体吸收利用的钙。牛奶中的钙含量相对是比较稳定的，通常在1~1.2g/L（110～120mg/100ml）。尽管有些产品的营养成分表只标识了钠或者盐的含量，没有标识钙的含量，但是因为牛奶中的钙含量相对稳定，因此大家只需要关注前三种成分的含量就可以了。

综上所述，营养成分表可以看作是鉴别食品的照妖镜。只要学会了看营养成分表，很多"妖魔鬼怪"都会立刻现出原形。比如，当你看到一款"牛奶"的蛋白质含量才1g左右（如下表1.7所示），碳水化合物又奇高，基本就可以判断是乳饮料，不能算牛奶。有了这个法宝，就可以挑选出真正适合宝宝的好牛奶了！

表1.7是某款乳饮料的营养成分表。这款产品包装上还声称保留了谷物和牛奶的双优营养，但从营养成分表看，蛋白质含量只有1.2g，根本不能算牛奶，只能算牛奶饮品。

表 1.7　某乳饮料的营养成分表

项目	每 100ml	NRV%
能量	215kJ	3%
蛋白质	1.2g	2%
脂肪	1.3g	2%
碳水化合物	7.9g	3%
膳食纤维（以聚葡萄糖计）	1.5g	6%
钠	68mg	3%
维生素 E	1.25mgα–TE	9%
维生素 B_2	0.12mg	9%
烟酸（烟酰胺）	1.05mg	8%

■ 巴氏奶vs常温奶，应该怎么选？

很多妈妈都有这样的疑问：到底该买冷藏的巴氏杀菌奶，还是常温储存的超高温灭菌奶？有些专家建议多喝巴氏奶，因为其营养成分保存得更多，而且细菌总数过高的牛奶是做不成巴氏奶的；有人认为常温奶好，由于常温奶无需冷藏，国外很多国家出于环保、低碳的目的在推广常温奶。一时间消费者也不知道该听谁的了。

巴氏奶与常温奶有什么区别？

其实无论是巴氏奶还是常温奶，都涉及通过加热杀死细菌的热处理，都会在一定程度破坏一些对热敏感的营养成分。常温奶因为经历了更严酷的热处理，在杀死更多细菌的同时，也不可避免地牺牲了相对更多的营养物质，比如一些维生素和可溶性蛋白。

就营养成分和口感来说，巴氏奶的确是比常温奶更好一些。但是，常温奶在营养成分上的牺牲，换来了保存上的便利以及价格上的低廉。它不仅不需要像巴氏奶那样必须在4℃以下保存，保质期也更长。由于较长的保质期和储存运输过程不需要冷藏，常温奶通常在价格上也比巴氏奶稍微低一点儿。

有人说细菌总数过高的牛奶做不成巴氏奶，其实也不绝对。只需要稍微提高巴氏杀菌的温度，或者延长几秒杀菌时间，仍然可以得到细菌指标符合标准的巴氏奶。所以，能不能做成巴氏奶不是衡量生乳质量的标准。

国外都在喝巴氏奶？

那么在国际上，真的是95%以上的市场份额都是巴氏奶吗？其实不然。欧洲大陆的很多国家，如法国、比利时、德国、瑞士、意大利、西班牙、葡萄牙等（除了希腊），都是常温奶占市场份额较大；而英国、爱尔兰以及北欧五国，则是巴氏奶所占份额较大。

这些不同国家之间的差异，最主要的原因是饮食文化的不同。比如，法国常温奶的市场份额占牛奶市场总份额的95.5%，但这并不意味着法国人只喝常温奶。实际上，法国人平时食用的乳制品主要是奶酪，而法国家庭购买牛奶的主要用途是做甜品，因此，不需要冷藏且保质期长的常温奶自然是最好的选择。

另外，气候也在一定程度上影响巴氏奶和常温奶的市场分布。相对富裕且寒冷的北欧，显然也更有利于巴氏奶的储藏、运输和销售；而在西班牙和葡萄牙，气候炎热且经济相对欠发达则成为制约巴氏奶发展的因素。至于国外出于环保低碳的目的推广常温奶，也确有其事。2008年，英国政府曾建议到2020年实现88%的牛奶销售为常温奶，但是由于乳品企业的强烈反对，这个计划已被放弃。

巴氏奶与常温奶之争，从何而来？

既然本来就是各取所需的产品，为何在中国会有如此大的争执呢？其实问题的根源在于中国幅员辽阔，奶源产地和人口分布不均衡。

众所周知，我国主要的奶源产地分布在内蒙古附近，而人口却主要集中在东南沿海一带，这就造成了中国的乳品企业分为基地型和城市型两大阵营。

基地型乳企，比如蒙牛、伊利，拥有丰富的优质低价奶源，但是市场却主要在距离较远的城市，因而他们主要以生产易于储存和运输的常温奶为主。相反，城市型乳企，比如光明、三元，周围奶源相对缺乏，生产成本相对也高，但是其优势是紧靠城市消费市场，所以他们主要以巴氏奶为主打产品，通过宣传巴氏奶的新鲜和营养来与基地型乳企竞争。

综上所述，其实巴氏奶和常温奶，本来就是针对不同消费群体的不同产品，虽然在营养和口感上略有差异，但并不是天壤之别，完全没必要刻意抬高巴氏奶，而把常温奶贬得一无是处。具体如何选择，其实还是应该取决于消费者的需求。

如果您家里有个大冰箱，且天天都要喝一杯牛奶，那不妨选择巴氏奶。如果您比较"宅"，喜欢在家囤大量食物，且不定期地会想喝牛奶，那么常温奶可能更适合您。

■ 复原乳，并不是没有营养的"差等生"

"复原乳是用奶粉勾兑的，没营养""复原乳就是假牛奶"——我们经常能听到这样的说法，消费者也十分担心。

其实，复原乳并不是假牛奶，它的营养价值也不差。

简单地说，复原乳就是用奶粉加水还原成的牛奶。牛奶中将近88%都是水，因此不易保存，运输成本也很高，所以把多余的牛奶通过加热杀菌以及喷雾干燥的工艺制成奶粉，易于运输和储存。饮用的时候，只需要按照比例与水混合，就还原成牛奶了。酸奶、常温奶等其他乳制品，都可以使用复原乳作为原料，但是巴氏奶不可以。

复原乳在干燥前和冲兑之后都会经过热处理。虽然两次热处理会让复原乳损失一些热敏性营养物质，但是损失程度很有限，整体的营养价值仍然和牛奶非常接近，尤其是牛奶能提供的最重要的两种营养物质——钙和蛋白质，几乎与新鲜牛奶没有差别，因此不能说复原乳营养价值极低。更何况，我们每天又不是只摄入牛奶这一种食物。

其实大家给孩子喝的婴幼儿配方奶粉，也是用类似的工艺生产的，在给孩子喝之前加水冲调，就是所谓的"勾兑"。另外，由于种种原因，一些从国外进口的奶粉要比国产奶粉价格更便宜，很多复原乳实际上就是使用的这类进口奶粉。同样是新西兰进口奶粉，为何很多消费者趋之若鹜地买回家自己冲调就说高大上的进口奶粉营养好，而食品企业使用了，就说用奶粉勾兑没营养了呢？

复原乳本身只是一种产品配料，并不能说明产品好坏。只要是规范生产的、从安全渠道购买的复原乳就可以给人们提供优质蛋白质和钙，大家大可不必谈"复原乳"色变。不过，现在市面上的确有一些产品添加了复原乳，同时还添加了大量的糖。从健康角度来说，这样的产品相对于单纯用复原乳生产的纯牛奶的确更差，不适合用来补钙。大家要仔细看配料表和营养成分表，理性购买。

■ 现挤牛奶，不营养也不安全

曾经有媒体报道：有农民拉两头奶牛到市场，现挤现卖牛奶，生意特别火。很多人慕名开车去购买，牛奶经常供不应求。由于乳制品常被曝出安全隐患，加上自媒体流传着不少健康传言，使得不少人认为"纯天然未加工"的原生态牛奶更安全、更营养、更健康。可实际上，现挤牛奶和经过杀菌的牛奶相比，不仅没有营养优势，还很不安全。

现挤牛奶其实是生牛奶。生牛奶就是指从奶牛身上挤出来，没有任何成分改变，也没有经过任何热处理的牛奶。通常，从健康的奶牛身上刚挤出来的牛奶，只含有极少量的细菌，而且营养成分保存完好。然而，消费者买到的生牛奶却可能含有大量细菌。这是因为刚挤出来的牛奶通常需要经过一定时间的临时储存，才会被运往工厂或者运到街边销售。在挤奶、储存的过程中，环境中的细菌难免会进入牛奶中，尤其是不注意设备、器具以及操作人员卫生的时候，情况更糟。牛奶天然就是适合很多细菌生存的培养基，一旦温度适宜，那些落到牛奶中的"幸运儿"就可以迅速繁殖，牛奶很容易被致病菌污染，如沙门菌、大肠杆菌还有布鲁杆菌。

生牛奶虽然完整保存了牛奶中所有的营养成分，但是与市售包装奶相比，营养上并没有明显差异。而且生牛奶因为未经处理，也同样完整保存了各种可能对人体健康有影响的致病菌。虽然致病菌可以通过加热煮沸的方法杀灭，但是一些细菌在繁殖过程中产生的毒素，在加热后仍然可能会让人生病。

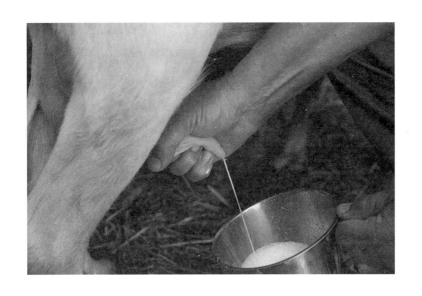

　　如果因为不信任一些乳品企业而选择生牛奶，一定要选择来源可靠的生牛奶，并且要记住：千万千万要煮开了再喝。

■ **早餐奶、脱脂奶、无乳糖奶、特浓奶……和普通牛奶有什么区别?**

　　早餐奶、脱脂奶、无乳糖奶、特浓奶……超市中各种各样的牛奶产品，常常看得人眼花缭乱。这些产品和纯牛奶相比到底有什么区别呢?

　　早餐奶——多为调制乳，不能代替早餐

　　早餐奶是在牛奶的基础上额外添加了糖、燕麦、核桃、水等配料，一般属于调制乳。因为添加了牛奶之外的原料，所以与牛奶相比，同等质量的早餐奶的蛋白质和钙含量会有所下降。不过，许多早餐奶强化了铁和锌，额外添加的谷物增加了淀粉和膳食纤维的含量。如果没有时间吃早餐，喝两盒早餐奶比只喝两袋纯牛奶营养更均衡，也不容易引起身体不适。

但是话又说回来，如果有时间坐下来享受一顿营养丰富的早餐，有主食，有蔬菜，有肉、蛋，选择普通牛奶就可以了。

表1.8是某品牌早餐奶的配料表，表1.9是某品牌纯牛奶的配料表。

表 1.8　某品牌早餐奶的配料表

产品参数	
产品类型	全脂调制乳
配料	生牛乳、水、白砂糖、固体麦精（大麦、麦芽）、燕麦粉、食品添加剂（单硬脂酸甘油酯、蔗糖脂肪酸酯、瓜尔胶、六偏磷酸钠、结冷胶、卡拉胶、三氯蔗糖）、食用盐、维生素 D_3、食用香精
保质期	6 个月
贮存条件	开启前，常温密闭保存；开启后，请于 0~4℃贮存，24 小时内饮完为佳。

表 1.9　某品牌纯牛奶的配料表

产品参数			
名称	×× 纯牛奶	规　格	1x250mlx16 包
配料	生牛乳	保质期	6 个月

表 1.10　某品牌早餐奶的营养成分表

营养成分表		
项目	每 100ml	NRV%
能量	262kJ	3%
蛋白质	2.4g	4%
脂肪	3.0g	5%
碳水化合物	6.5g	2%
钠	69mg	3%
维生素 D	2.0 μg	40%
磷	42mg	6%
钾	60mg	3%
钙	60mg	8%

表 1.11　某品牌纯牛奶的营养成分表

营养成分表		
项目	每 100ml	NRV%
能量	284kJ	3%
蛋白质	3.2g	5%
脂肪	4.0g	7%
碳水化合物	4.8g	2%
钠	62mg	3%
钙	100mg	13%

从表1.10和表1.11可以看出，纯牛奶蛋白质和脂肪含量均高于早餐奶，而碳水化合物和钠含量明显低于早餐奶（因为早餐奶中添加了白砂糖、食用盐、食用香精等）。特别需要注意的是，100ml纯牛奶的钙含量比100ml早餐奶高40mg。

脱脂奶——去除了牛奶中的大部分脂肪

脱脂奶是通过物理离心的方式生产的。由于脂肪密度比较轻，在强大的离心力下，就自然地与水分开了。分离出的脂肪叫稀奶油，剩下的产品就是脱脂奶了。有关稀奶油的内容会在第六章为大家讲解。

牛奶中的脂溶性维生素和共轭亚油酸、神经鞘磷脂等保健成分都存在于乳脂肪中，牛奶的香气和柔滑口感也来源于乳脂肪。因此，脱脂后的牛奶会损失大部分脂溶性维生素（如维生素A、维生素D、维生素E和维生素K）和脂溶性的保健成分，因为这些成分都留在了富含脂肪的稀奶油里面了。相比全脂奶，脱脂奶的香味和口感也会大打折扣。不过，水溶性维生素仍然保留在脱脂牛奶里了。

如果是健康的成年人和青少年，在饮奶量合适的情况下（如1杯），没有必要为了降低一点点脂肪而放弃全脂奶的种种优点。但是对于饮奶量大、瘦身人群、体脂超标的老年人群是可以选择低脂奶或者脱脂奶的。喝脱脂奶也不要过于担心摄入的营养少，因为牛奶中88%是水，脂溶性维生素含量本来就比较低，并不是我们人体所需的脂溶性维生素的主要来源。

表1.12是某品牌脱脂奶的营养成分表，表1.13是同品牌全脂奶的营养成分表。

表 1.12　某品牌脱脂奶的营养成分表

营养成分表		
项目	每100ml	NRV%
能量	139kJ	2%
蛋白质	3.2g	5%
脂肪	0g	0%
碳水化合物	5.0g	2%
钠	62mg	3%
钙	100mg	13%

表 1.13　某品牌全脂奶的营养成分表

营养成分表		
项目	每100ml	NRV%
能量	284kJ	3%
蛋白质	3.2g	5%
脂肪	4.0g	7%
碳水化合物	4.8g	2%
钠	62mg	3%
钙	100mg	13%

可以看出，脱脂奶除了脂肪含量为0、碳水化合物含量略高一点儿之外，其他主要营养素的含量和全脂奶相同。

无乳糖奶——分解掉了牛奶中的大部分乳糖

无乳糖奶或者低乳糖奶就是不含或者只含有少量乳糖的牛奶。很多中国人都有乳糖不耐症，原因是体内乳糖酶不足，不能消化牛奶中的乳糖，喝牛奶后会出现腹胀、腹泻、腹痛的症状（关于牛奶引起乳糖不耐受的详细内容详见本书第46页）。

用乳糖酶把牛奶中的乳糖水解为葡萄糖和半乳糖，可以解决乳糖不耐受者喝牛奶后的不适感。但是对于喝牛奶没有不适症状的人来说，完全没有购买无乳糖奶的必要。乳糖其实有很多好处，如帮助肠道有益菌增殖、帮助矿物质吸收等。

延伸阅读

什么是乳糖不耐受？

乳糖是牛奶中的天然成分，在正常人体内可被分解吸收，但在缺乏乳糖酶的情况下，人摄入的乳糖不能在小肠内消化分解。进入大肠后，被细菌代谢，产生大量气体和醋酸，从而引起腹部不适、腹胀、腹痛、腹泻等消化道症状，叫作"乳糖不耐受"。全世界普遍存在乳糖酶缺乏的问题，亚洲人较为严重。

表1.14是某知名品牌无乳糖奶的营养成分表和配料表，该产品的营养成分表中标注了乳糖含量为0，配料中标注了添加了乳糖酶。

表1.15是一款低脂的无乳糖奶的营养成分表和配料表。

表 1.14　某无乳糖奶的营养成分表和配料表

营养成分表		
项目	每100ml	NRV%
能量	270kJ	3%
蛋白质	3.0g	5%
脂肪	3.6g	6%
碳水化合物	5.0g	2%
——乳糖	0g	
钠	65mg	3%
钙	120mg	16%

配　料	生牛乳、食品添加剂（乳糖酶）
贮存条件	未开启前，无需冷藏，开启之后，立即饮用
友情提示	喝前摇一摇，切勿带包装置于微波炉中加热

表 1.15　某低脂无乳糖奶的营养成分表和配料表

营养成分表		
项目	每100ml	NRV%
能量	139kJ	2%
蛋白质	3.5g	6%
脂肪	1.5g	3%
碳水化合物	4.6g	2%
——乳糖	0g	
钠	39mg	2%
钙	120mg	15%

产品类型	调制乳
产　　地	澳大利亚
保 质 期	9个月
配　　料	生牛乳、乳糖酶
贮存条件	贮存于干燥、阴凉处。开启包装后于4℃以下贮藏，5日内食用为宜

特浓牛奶——香浓，大概率是加了脂肪

"特浓牛奶"从字面上看，是浓度更高的牛奶，这让很多消费者以为，生产特浓牛奶的原料乳浓度是高于普通牛奶的。

事实上，有一些特浓奶就是纯牛奶，其原料乳确实营养更好，但是有一些特浓奶纯粹是概念炒作。有些"浓"并非天然而是人为加工而成的，也就是说这类特浓奶其实是调制乳。这类特浓牛奶在生产过程中添加了稀奶油、炼乳等富含乳脂的原料。前面已经介绍过了，牛奶的香气和浓厚口感都来源于乳脂肪，特浓奶的脂肪含量一般比较高，喝起来会有一种醇厚、香浓的感觉。表1.16是两款特浓奶的营养成分表和配料表。

表1.16　两款特浓奶的营养成分表和配料表

产品1		
产品类型	全脂灭菌乳	
配　　料	生牛乳	
营养成分表		
项目	每100ml	NRV%
能量	271kJ	3%
蛋白质	3.3g	6%
脂肪	3.5g	6%
碳水化合物	5.0g	2%
钠	60mg	3%
钙	105mg	13%

产品2		
产品类型	调制乳	
配　　料	生牛乳、无水奶油、单甘油脂肪酸酯、双甘油脂肪酸酯	
营养成分表		
项目	每100ml	NRV%
能量	311kJ	4%
蛋白质	3.3g	6%
脂肪	4.6g	8%
碳水化合物	5.0g	2%
钠	56mg	3%
钙	100mg	13%

产品1是纯牛奶，100%由生牛乳加工而成。每100ml产品1含有3.3g蛋白质和3.5g脂肪，略高于市面上大部分普通全脂牛奶的相应营养素含量，是一款营养价值不错的牛奶，但是还算不上"特浓"。产品2是在生牛乳的基础上额外添加了奶油，相比普通牛奶，其蛋白质含量没有提升，但是脂肪含量增加了不少，为4.6g/100ml。从健康角度来看，不建议选产品2。

有机奶——营养与普通牛奶差异不大，性价比不高

作者：科学松鼠会成员，食品工程博士　云无心

虽然有机食品的生产条件更严苛，但是并没有证据能证明有机奶比普通奶更营养、更安全。

有一些研究比较过有机奶和普通奶的营养成分，发现二者的主要营养成分，比如蛋白质、脂肪、乳糖、钙等，并没有实质差别。有一些微量营养成分，二者可能会有不同。比如有研究发现，有机奶中的ω-3不饱和脂肪酸和ω-6不饱和脂肪酸含量比普通奶要高。而在其他研究中发现，普通奶中的共轭亚油酸和铜、锌、硒等微量元素的含量比有机奶要高。这些元素都是人体需要的营养成分，如果非要按照某一成分的含量来判断常规奶和有机奶的"营养价值"，就会得出混乱的结论。

有机奶也不会比普通奶更安全，至少美国农业部明确表示，他们只负责认证是否满足有机生产规范，而不对有机食品是否更安全做出判断。在有机产品与普通产品的比较中，有机产品中检测出的化学农药残留量一般确实要比普通产品要低。不过，需

要强调的是："有农药残留"并不意味着"不安全"。农业生产中使用的农药，都有残留量的标准。标准是已经留了很大安全余量的"警戒线"，只要低于标准，就可以认为是安全的。需要注意的是，有机生产并不是不用农药，只是不用"化学合成的农药"而已。因为所用的"有机农药"对虫害的控制较差，经常不得不用更大的量，因此一些通常不被检测的污染物或者毒素，有机奶中的含量甚至可能比普通奶更高。

其实，从正规渠道购买的普通牛奶就已经非常安全了，消费者没有必要花大价钱为有机奶买单。

表1.17是某品牌有机奶和普通纯牛奶的营养成分对比：有机奶的蛋白质和钙含量略高于普通纯牛奶，脂肪和碳水化合物含量与普通纯牛奶相同，整体来看，两款产品的营养相差不大。

表 1.17　某品牌有机奶和普通纯牛奶的营养成分表对比

有机奶营养成分表			普通纯牛奶营养成分表		
项目	每100ml	NRV%	项目	每100ml	NRV%
能量	290kJ	4%	能量	284kJ	3%
蛋白质	3.5g	6%	蛋白质	3.2g	5%
脂肪	4.0g	7%	脂肪	4.0g	7%
碳水化合物	4.8g	2%	碳水化合物	4.8g	2%
钠	58mg	3%	钠	62mg	3%
钙	120mg	15%	钙	100mg	13%

Q：我的儿子今年5岁，体重超标。我把他每天喝的牛奶换成了脱脂奶，这样好吗？孩子平时也爱吃奶酪。

A：如果医生同意，饮用脱脂奶也很好，牛奶中最重要的两种营养素钙和蛋白质在全脂奶和脱脂奶中相差不大。在均衡饮食的前提下，饮用全脂或者低脂牛奶也可以。奶酪也是乳制品的一种，可以作为牛奶的补充。不过需要注意选择合适的奶酪，因为市面上有一些再制奶酪额外添加了很多糖和脂肪。建议孩子还是均衡饮食，多锻炼，这才是减肥的王道。

Q：孩子喜欢喝没有乳糖的牛奶，觉得味道甜甜的，这种奶可以长期给孩子喝吗？

A：孩子如果没有乳糖不耐受，完全没必要喝无乳糖牛奶（还更贵）。牛奶中的天然乳糖对儿童来说是优质的营养来源之一，有利于肠道中有益菌的增殖，还能帮助多种矿物质吸收，比如钙。无乳糖奶之所以风味略甜，是因为其中的乳糖被乳糖酶水解为葡萄糖与半乳糖，而葡萄糖的甜度要高于乳糖。无乳糖牛奶长期喝也没有问题。

■ 高钙奶真的能帮孩子补充更多的钙吗？

作者：科信食品营养信息交流中心科学技术部主任　阮光锋

很多家长都觉得给孩子喝高钙奶更好，因为高钙奶含钙更多，补钙效果更佳。

所谓高钙奶，顾名思义就是钙含量更高的牛奶。很多人可能会想，同样是牛奶，为什么高钙奶就含钙多呢？其实，高钙奶的原料也是普通牛奶，只是在生产的时候人为地添加了一些钙，使奶中的钙含量高一些。虽然我们平时都叫它"高钙奶"，但是它其实有一个更专业的名字：钙强化奶。

所谓强化，在营养学中就是对某种食物中的某种营养素进行补充，而这样的食品就被称为"营养强化食品"。生活中这样的营养强化食品其实还有很多，如加碘盐、加铁酱油等。高钙奶就是对牛奶中的钙进行了强化，其实也是给牛奶补钙。

很多含钙的物质都是可以作为钙剂加入到高钙奶中的，如碳酸钙、乳酸钙、磷酸钙、乳钙、柠檬酸钙等。目前，用得比较多的是碳酸钙和乳钙。

高钙奶，高得有限制

牛奶中加钙也是有限制的。向牛奶里添加大量的钙，实际上是一件很有技术难度的事，很容易破坏蛋白质体系的稳定，影响口感和杀菌稳定性。

牛奶本身已经是高钙食品了，其中的蛋白质和钙之间有着微妙的平衡，就像坐一辆车，每个位置对应一个钙离子，它们原本安稳有序地坐在各自的位置上。如果这个时候来了一群其他的钙，势必会打破这种平衡，有的钙离子就没位子坐了。而牛奶中富含的酪蛋白对钙离子非常敏感，加入的钙剂会让牛奶乳状界面的酪蛋白之间产生桥连接絮凝，进而导致沉淀和乳析等问题。有研究发现，当碳酸钙的添加量在0.5‰~2.0‰或者乳钙的添加量在0.5‰~1.5‰时，高钙奶中的沉淀会逐渐增加。而且，随着保存时间的延长，这种沉淀还会进一步增多。

另外，我国国家标准GB 14880—2012《食品营养强化剂使用标准》也对钙的加入量有严格要求，这是根据我国居民需要量和风险评估结果制定的标准。一方面，避免加得太少，起不到增加钙含量的目的；另一方面，也要避免加得太多影响口感，那样也不易于人体吸收。

所以，企业在生产高钙奶时，钙不是想加多少就能加多少的。

高钙奶有多少钙？

一般来说，每100ml普通牛奶中的钙含量在90~120mg之间。那么什么样的牛奶才能称之为"高钙奶"呢？根据我国最新的营养标签标准关于"含量声称"的规定，钙含量达到或高于一定的数值（30%NRV，即约120mg/100ml）才能称为"高钙奶"。

但在2008年，有研究人员曾对市售几种常见品牌的高钙奶和普通纯牛奶的钙含量进行过调查，结果发现，高钙奶的钙含量只比纯牛奶高一点儿而已。如每100ml牛奶中，品牌1纯牛奶的钙含量为79.2mg，而其高钙奶的钙含量为81.2mg；品牌2纯牛奶的钙含量为97.3mg，其高钙奶含钙量为107.4mg。可见，很多号称"高钙奶"的产品，其钙含量和普通全脂牛奶的钙含量相比，相差不超过25%；与普通脱脂奶相比，更没有那么大的差距。

不过，那时相关国家标准还未实施，乳制品市场也比较混乱。随着我国国家标准GB 28050—2011《预包装食品营养标签通则》在2013年1月1日正式实施，我国对食品标签上的"高钙""高铁"等声称都有了具体的要求，也就是必须达到一定含量才可以做相应的声称。近两年，多个部门对市场所做的调查也显示，高钙奶基本上能够达到国家标准的要求，其声称基本上算是名副其实了。

牛奶高钙，无需补钙

有人认为，高钙奶的钙含量毕竟还是比其他牛奶多一点儿，喝同样多的牛奶，高钙奶带来的钙更多，补钙效果会更好。其实，牛奶本身就是一种高钙食物，而且牛奶中的钙吸收率也很好，人为给牛奶补的钙并不多，吸收也不理想。

牛奶可谓是食物中的补钙冠军。一方面，它含钙量高，每100ml牛奶的含钙量通常在100mg左右，喝一杯250ml的牛奶大约可以获得250mg左右的钙，相当于人体一天所需的1/3，1~3岁儿童一天所需的5/12。另一方面，牛奶中的钙非常容易被人体吸收，牛奶中1/3的钙以游离态存在，直接就可以被吸收；另外

2/3的钙结合在酪蛋白上，这部分钙会随着酪蛋白的消化而被释放出来，也很容易被吸收，而人为添加的钙吸收率很低。受成本的影响，现在大部分高钙奶中添加的都是碳酸钙，这种钙在人体内的吸收效果并不理想。

总结一下：高钙奶含钙量确实要比普通牛奶高，但牛奶本身含钙量就很丰富，增加的这部分钙量对人们补钙并不会造成巨大影响，且多数吸收效果没有牛奶本身含有的钙好。成人在正常饮食之外，每天摄入500ml普通牛奶，再加上绿叶蔬菜或豆腐等高钙食物，就可以满足每天的钙需求，没有必要刻意买高钙奶。

■ 儿童牛奶，没有相应的国家标准

近年来儿童牛奶颇为畅销，营养概念营销加上精致的包装，吸引着家长和孩子们的眼球。在这些概念的推动下，其价格更是普通纯牛奶的2倍。儿童牛奶真的比普通牛奶更营养、更健康、更适合儿童吗？

严格意义上讲，"儿童牛奶"的说法并不严谨，无论是科学界还是国家标准，对此都没有严格的界定。食品安全国家标准GB 10765—2010《婴儿配方食品》和GB 10767—2010《较大婴儿和幼儿配方食品》规定：0～12月龄的人称为"婴儿"，其中6～12月龄的为"较大婴儿"，12～36月龄的为"幼儿"，这些特殊人群食品的相关指标都有详细的规定；而超过36月龄，即3岁以上的，并没有相应的标准，所以商家取名为"儿童牛奶"，主要还是一种商业手段，家长在选购的时候一定要仔细看产品配料表和营养成分表。

表 1.18　5 款儿童牛奶的产品类型和配料表

产品 1 的产品类型及配料表

配　　料	有机生牛乳、浓缩苹果汁
产品类型	全脂调制乳
产品标准号	GB 25191
保 质 期	6 个月

产品 2 的产品类型及配料表

产品类型	调制乳
产　　地	新西兰
配　　料	生牛乳（99.9%）、维生素 A、维生素 D
贮存条件	开启前，常温保存；开启后，请于 0～4℃冷藏，24 小时内饮用完为佳

产品 3 的产品类型及配料表

产品类型	调制乳
配　　料	生牛乳、白砂糖、焦磷酸铁、葡萄糖酸锌、维生素 D
生产日期	日 / 月 / 年（见盒顶）
保 质 期	10 个月
贮存条件	常温保存、避免阳光直射

产品 4 的产品类型及配料表

产品类型	调制乳
产　　地	新西兰
配　　料	生牛乳、浓缩菠萝汁（3.6%）、菊粉、柠檬酸钠、维生素 E、抗坏血酸钠、DHA 藻油、维生素 D、食用香精
贮存条件	开启前，常温保存；开启后，请于 0～4℃冷藏，24 小时内饮用完为佳

产品 5 的产品类型及配料表	
产品类型	调制乳
配　料	生牛乳、白砂糖、低聚半乳糖、低聚果糖、牛磺酸（氨基乙基磺酸）、乳清蛋白粉、DHA 藻油（DHA 含量 ≥ 350mg/g）、维生素 E、食品添加剂（蔗糖脂肪酸酯、单硬脂酸甘油酯、抗坏血酸钠）、食用香精

　　以上是5款在某大型网购平台销量排在前几位的儿童牛奶产品，首先看产品类型，5款全是调制乳，说明这些产品都属于牛奶，不是乳饮料。然后看配料表中是否含糖和营养强化剂：除了产品1之外，其余4款产品都添加了营养强化剂，如维生素A、维生素D等。此外，产品1添加了浓缩苹果汁，产品4添加了浓缩菠萝汁和食用香精，产品3和产品5都添加了白砂糖。要注意，浓缩果汁中也是含有糖的，不要以为加了果汁的牛奶就没有额外添加糖。如果仅看配料表的话，显然产品2是最好的选择。产品2没有额外加糖，还强化了维生素A和维生素D。

　　接下来再看看以上5款产品的营养成分表。表1.19是5款儿童牛奶的营养成分表。5款儿童牛奶的蛋白质含量在3.0g~3.6g/100ml，其中产品2的蛋白质含量最高。再来看看5款产品的碳水化合物含量。产品5的碳水化合物含量最高，为7.3g/100ml，产品2的碳水化合物含量最低，为4.8g/100ml，产品1的碳水化合物含量也比较低，为5g/100ml。5款产品中钙含量最高的为产品2（123mg/100ml）。综合来看，产品2是最好的选择。虽然产品3、产品4、产品5强化的营养素种类更多，但其中的糖含量也更高，不利于儿童的健康。

表 1.19　5 款儿童牛奶的营养成分表

产品 1 的营养成分表		
项目	每 100ml	NRV%
能量	294kJ	4%
蛋白质	3.1g	5%
脂肪	4.2g	7%
碳水化合物	5g	2%
钠	65mg	3%
钙	100mg	13%

产品 2 的营养成分表		
项目	每 100ml	NRV%
能量	272kJ	3%
蛋白质	3.6g	6%
脂肪	3.5g	6%
碳水化合物	4.8g	2%
钠	40mg	2%
维生素 A	75 μgRE	9%
维生素 D	1.3 μg	26%
钙	123mg	15%

产品 3 的营养成分表									
项目	能量	蛋白质	脂肪	碳水化合物	钠	维生素 D	钙	铁	锌
每 100ml	306kJ	3.4g	3.5g	7.0g	50mg	2.0 μg	110mg	1.2mg	0.75mg
NRV%	4%	6%	6%	2%	3%	40%	14%	8%	5%

产品 4 的营养成分表		
项目	每 100ml	NRV%
能量	289kJ	3%
蛋白质	3.0g	5%
脂肪	3.3g	6%
碳水化合物	6.1g	2%
膳食纤维	1.5g	6%
钠	62mg	3%
维生素 D	1.2 μg	24%
钙	100mg	13%
磷	0.31mg	2%
DHA藻油添加量：15.75mg/100ml		

（续表）

产品 5 的营养成分表		
项目	每 100ml	NRV%
能量	307kJ	4%
蛋白质	3.0g	5%
脂肪	3.6g	6%
碳水化合物	7.3g	3%
钠	58mg	3%
维生素 E	2.1mg α－TE	14%
泛酸	0.20mg	4%
磷	70mg	10%
钙	100mg	13%
锌	0.35mg	2%
牛磺酸	40mg	

儿童牛奶产品几乎都强调富含钙、维生素D、DHA，"采取独特配方"，能"补充钙、铁、锌""开发智力""强健骨骼"。牛奶中富含钙质，能促进骨骼生长，强化了维生素D的牛奶有助于钙质吸收，这些都是得到科学证实的。儿童牛奶中含有的微量营养素多多少少也对健康有好处，含有这些营养素

的牛奶也相对更营养一些，但是消费者一定要考虑这种牛奶是否额外加了过多的糖，以及性价比是否值得。一些微量元素通过牛奶来补充可能并非是性价比最高的选择。

儿童牛奶中的添加剂通常比普通牛奶多。一些专家表示：儿童牛奶中的添加剂有10多种，孩子尽量少喝，因为添加剂会增加儿童肾脏和肝脏的负担。之前曝光的多起婴幼儿奶粉事件，让一些家长对儿童牛奶的安全问题十分敏感，看到这样的专家观点格外担忧，生怕三聚氰胺的悲剧重演。其实，家长不必过于担心，很多食品添加剂本身是为了改善产品的口感和稳定性，正常使用并不会危害健康，需要注意的是糖分和代糖的使用。

其实对儿童牛奶的担忧，不应该聚焦在添加剂的直接影响，而应该看它的间接影响。有的儿童牛奶会加入过多的糖分和添加剂（如上面举例的产品3、产品4和产品5），来增加产品的甜味、香气和口感。这些添加剂本身没有问题，但可能会让儿童养成不好的饮食习惯，比如喝惯了高糖的儿童牛奶，便很难再对普通牛奶或白开水产生兴趣。另外，就营养价值而言，有的儿童牛奶还不如普通牛奶。

大多数情况下，孩子从1岁开始就可以喝普通全脂牛奶了。大一些的儿童，如果能继续喝普通牛奶自然是最经济方便的选择。如果想喝调制乳（有关调制乳的介绍，可以参看第11页）也完全可以，只需要根据具体产品具体分析，尽量选择含糖量少一些的产品。至于含乳饮料，通常含糖量比较高，不适合经常喝，但偶尔喝几次也没有问题。

: 这是幼儿园给孩子订的奶（下图），您看看这样的牛奶适
合给孩子喝吗？

产品类型：配制型含乳饮料	营养成分表		
配料：饮用水、全脂奶粉、白砂糖、固体麦精、食品添加剂（单甘油脂肪酸酯、双甘油脂肪酸酯、磷脂、卡拉胶、安赛蜜、乳酸链球菌素）、食用香精	项目	每100ml	NRV%
	能量	207kJ	3%
	蛋白质	1.0g	2%
生产日期：见杯盖	脂肪	1.1g	2%
贮存条件：2 ~ 6℃	碳水化合物	8.9g	3%
保质期：7 天	钠	39mg	2%

图 1.4　某学生奶的包装信息图

: 《中国学生奶饮用计划》规定，现阶段学生奶应是"以生
牛乳为原料加工，不使用、不添加复原乳及营养强化剂的
超高温灭菌乳和以生牛乳为主要原料加工，不使用、不添
加复原乳及营养强化剂的灭菌调制乳"。首先，注意这款
产品的产品类型，明明白白写的是"配制型含乳饮料"；
再看配料表，排在第一位的是饮用水；最后看营养成分
表，蛋白质含量只有1.0g——所以，这款产品根本就不是
学生奶，而是营养很差的乳饮料，建议同时向教育局和所
属地食药监局举报。

Q: 我看有些儿童牛奶的营养确实比普通纯牛奶高，没有额外添加糖，却添加了维生素D，这样的牛奶也不好吗？

A: 首先要肯定，这样的牛奶很好！儿童牛奶本质就是调制乳，添加了适量维生素D的儿童牛奶确实优于纯牛奶。但是，换个名字就把最多价值3元的200ml的调制乳卖得很贵，性价比实在不高，消费者选购时要注意一下性价比。

Q: 成年人、孕妇、老年人应该选什么牛奶？

A: 除非过度肥胖或者是医嘱人群，否则均建议喝全脂牛奶。不需要买那些声称针对特殊人群的牛奶，那些牛奶的确额外添加了一些营养，但是这些营养也可以从其他食物中获得。为额外的一点儿好处花大价钱，不划算。

■ 透明袋牛奶，"透明"不等于"放心"

作者：科学松鼠会成员，食品工程博士　云无心

在牛奶行业各出奇招、处于一片混战之时，一款"透明袋牛奶"横空出世，迅速成为了"网红"牛奶。其营销广告也写得极度煽情，诸如"再也不是外国人的专利！国内也能买到的网红透明奶""简直是牛奶界的一股清流""看得到的真实""回归鲜奶本来的味道"等。

实际上，早年的牛奶一般都是用透明玻璃瓶装的。经过了二三十年的发展，现在的牛奶基本上采用了纸盒装（利乐砖）、塑料桶、白色塑料袋的包装。然而，这个产品迅速走红，各大乳企也坐不住了，纷纷跟进推出了透明袋牛奶。不能怪这些乳企不讲科学——透明袋成本更低，消费者还更喜欢，何乐而不为？

从透明包装到纸盒和塑料包装，是乳制品行业的研究者们用科学推动的进步。因为一个网红产品而大肆推广透明袋，无疑是一种倒退——牛奶包装背后的科学技术，在"网红"面前一败涂地。

为什么说用透明袋包装牛奶是一种技术上的倒退呢？牛奶中含有核黄素和卟啉等对光照敏感的物质，在光线的激发下会产生活性氧。这些活性氧与蛋白质、维生素和脂肪反应，就会产生风味不佳的成分，尤其是与氨基酸和不饱和脂肪酸的反应，会产生多种醛类、酮类、蛋氨酸亚砜和二甲基二硫化物

等，对牛奶的风味有明显影响。

美国康奈尔大学的罗宾·东多等人在2017年的《奶制品科学杂志》上发表了一项研究，深入探索了光照对牛奶风味的影响。

首先他们发现，牛奶在透明包装中，经荧光灯照射9个小时，消费者就能尝出牛奶味道的不同。如果是LED灯，照射12个小时也可以尝出差别。经过LED灯照射，牛奶出现了塑料的味道；经荧光灯照射，出现的则是纸板的味道。研究结果可以总结为图1.5。

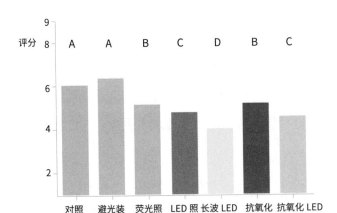

（来自于 Chang & Dando. J.Dairy Sci.101.154-163，云无心译）

图 1.5　牛奶经不同种处理后的喜欢程度评分

图中纵坐标是品尝者对经过不同处理的牛奶的喜欢程度的评分，1表示"极度不喜欢"，而9表示"极度喜欢"。相同的字母表示相互之间没有显著差异，不同的字母表示有显著差异。对照样品是用铝箔包裹并且避光保存的牛奶，"避光装"是保护牛奶不受光照的包装，消费者对二者的喜欢程度没有差异，都在6分左右。

透明包装的牛奶经过荧光灯、LED灯或者滤掉短波长光线的LED灯照射，得分都显著低于对照组。也就是说，经过这些光照处理（荧光灯和LED灯是超市常用的照明灯光），牛奶的风味都明显下降了。还有两个样品是在牛奶中添加了维生素C和维生素E作为抗氧化剂，"抗氧化"表示只添加了抗氧化剂。消费者反映抗氧化组的牛奶风味还是比对照或者避光装的牛奶差，这可能是抗氧化剂本身带入了不好的风味。如果添加了抗氧化剂之后又经过LED灯光的照射，那么风味就会变得更差。

康奈尔大学的研究人员还请了经过专门训练的品尝师品尝了这些样品，结果和消费者的反馈一致。不同的是，品尝师还能识别出经过光照产生了什么样的异味。简而言之，牛奶中有些成分在光照条件下会发生反应，反应产物会破坏牛奶的味道。而牛奶避光保存，则能够避免这种破坏，保持牛奶的风味。

透明袋牛奶，仅仅是一个噱头而已，它不仅没有"回归鲜奶本来的味道"，反而破坏了牛奶本来的味道。

■ 喝了牛奶不舒服，是乳糖不耐受还是牛奶过敏？

有很多人喝了牛奶后会觉得肠胃不舒服，因此觉得自己是牛奶过敏。其实，大多数情况下并不是牛奶过敏，而是乳糖不耐受。乳糖不耐受和牛奶蛋白质过敏的区别还是很大的。首先，前者的问题源于消化系统，后者源于免疫系统。其次，乳糖不耐受较少发生在婴儿身上，而多见于成人；牛奶蛋白质过敏则更多见于儿童而少见于成人。

源于消化系统的乳糖不耐受

乳糖是一种双糖，广泛存在于哺乳动物的乳汁中。每100ml牛奶就含有大约4.5g乳糖。乳糖在人的小肠内被乳糖酶分解为葡萄糖和半乳糖之后，才可以被吸收。婴儿通常都可以正常合成乳糖酶，因而可以消化吸收母乳中的乳糖。断奶以后，体内乳糖酶的合成便会逐渐减少。如果因种种原因导致小肠内缺乏这种乳糖酶，大量未经消化的乳糖就会抵达大肠。大肠内的一些细菌利用乳糖发酵，产生大量气体，则会导致腹胀、腹泻，以及放屁等症状，这就是乳糖不耐受。

乳糖不耐受在不同人种之间的差异很大。欧美的白色人种通常较少发生乳糖不耐受的情况，而华人有乳糖不耐受的比例则高达93%。而且，同是乳糖不耐受的人，个体差异也很大。大多数人都是摄入一定量的乳糖之后才会发生不耐受的症状，因而，有乳糖不耐受的人仍然可以少量摄入牛奶，只有极少数人仅摄入少量的乳糖就会有严重的症状出现。

源于免疫系统的牛奶过敏

牛奶过敏，更确切地说，是对牛奶中的蛋白质过敏。每100ml牛奶大约含有3g蛋白质，包括酪蛋白和乳清蛋白两种。这两种蛋白质都有可能导致过敏。当免疫系统误把正常摄入的牛奶蛋白质当成入侵的敌人时，就会引发一连串的免疫反应，可能导致呕吐、腹泻、皮肤红肿、哮喘等症状。当免疫反应过于强烈的时候，救助不及时甚至可能导致死亡。

由于婴儿的免疫系统尚未成熟，因而相对于成年人，婴儿更容易对牛奶蛋白质过敏。大约有3%的婴儿会对牛奶蛋白质过敏。而且，对牛奶蛋白质过敏的婴儿通常也会对来自其他动物乳汁的蛋白质过敏，甚至对母乳中的蛋白质也过敏。另外，除了牛奶蛋白质之外，鸡蛋和花生中的蛋白质也常常会导致婴儿过敏。大多数情况下，这种过敏问题几年之后会自行消失。当然，也有少数人即使成年之后也一直会对某些蛋白质过敏。

万一中招，该如何应对？

虽然婴儿很少发生乳糖不耐受的情况，但是也有一些婴儿会有先天性乳糖酶缺乏的问题。在这种情况下，就需要在医生的指导下额外使用乳糖酶，或者选择已经把乳糖水解为葡萄糖和半乳糖的无乳糖配方婴儿奶粉。

如果成年人发生乳糖不耐受，可以通过每次少量、分多次饮用牛奶的方式缓解症状。由于牛奶营养成分的消化和吸收主要是在胃和小肠，因而即使有轻微的乳糖不耐受，几乎也不会影响营养的消化和吸收。有趣的是，大肠内的细菌分解未经消化的乳糖，可以提高大肠内的渗透压，增加矿物质溶解度，从而促进矿物质的吸收，尤其是钙和镁的吸收。也就是说，摄入乳糖有利于钙的吸收。即使耐受乳糖，也会有少量乳糖进入大肠。一些乳制品，比如酸奶和奶酪，其中的乳糖已经部分或全部被乳酸菌分解了，因而食用这些乳制品既可以补钙，又不会引起乳糖不耐受。另外，现在市面上也有将牛奶中的乳糖事先水解的产品出售。

那些对牛奶蛋白质过敏却又无法享受母乳的婴儿，可以在医生的指导下使用已经将蛋白质水解为多肽的深度水解配方奶粉甚至氨基酸配方奶粉。而对牛奶蛋白质过敏的成年人，唯一的办法就是避开一切含有牛奶的食物了。

读者提问

Q：为什么我一喝牛奶就拉肚子？我还能喝牛奶吗？有什么解决办法吗？

A：这是乳糖不耐受的症状，如果一直这样，那就是天生乳糖酶缺乏，对乳糖的吸收能力不好。

办法有几个：①每次少喝，分多次喝，且注意不要空腹喝牛奶。②喝无乳糖的牛奶，市面上有很多，具体品牌就不说了。③喝酸奶，酸奶中的部分乳糖已被细菌分解。④口服乳糖酶。

Q：我喝牛奶总是长痘痘，还能喝牛奶吗？

A：更建议长痘人群喝酸奶或者吃低钠奶酪，因为牛奶中的致痘因子IGF-1经过发酵会被破坏（低脂和脱脂牛奶的致痘风险要高于全脂牛奶）。

那些流传甚广的牛奶健康谣言

关于牛奶的谣言屡见不鲜，如"牛奶含钙并不高，许多蔬菜的钙含量远高于牛奶""喝牛奶反而会缺钙，因为会使人体血液变酸，从而导致钙流失，最终使人容易骨折，骨质疏松""牛奶中的蛋白质，尤其是酪蛋白，是一种非常强的促癌剂，可促进各阶段癌症的发展"……事实上真的如此吗？

■ 谣言1：牛奶含钙量还不如蔬菜，喝牛奶导致钙流失

提到补钙食物，最为人们熟知的就是牛奶了。可是有些媒体却报道"牛奶越喝越缺钙，喝奶不如去吃菜"，具体理由是：

1.牛奶含钙并不高，许多蔬菜的钙含量远高于牛奶；

2.一旦喝牛奶或者吃肉食就可能会导致体液变酸，然后骨钙就会被释放出来中和酸，最终使人容易骨折、骨质疏松。

真相究竟如何呢？

钙含量高不一定能补钙

补钙，主要指的是补骨钙。人体中有99%的钙存在于骨骼中，另外的1%则参与人体的各种生化反应。但是，并不是所有吃到肚子里的钙都能轻易地补到骨头里。首先，人体摄入的钙要能被吸收；其次，这部分被吸收的钙还要真正能被用来补到骨头上，而不是随着尿液被排出体外。因此，补钙的过程取决于以下3个因素：摄入量、吸收率、生物利用率。

牛奶是补钙的优质食物来源。首先，牛奶中含有丰富的钙。单纯看钙含量，100ml牛奶含钙100mg左右，在各种食物中的确不能算是含钙最高的，一些海藻、干的小鱼小虾、芝麻等食物的钙含量都比牛奶要高。但你要知道，牛奶中88%都是水，如果把这部分水去掉，其钙含量可以提高近10倍。也正因为如此，一些乳制品的钙含量会大大提高，如100g埃门塔尔奶酪的钙含量高达1000mg。其次，牛奶中的钙吸收率可达到32%以上。因为牛奶中1/3的钙是以游离态存在的，直接就可以被人体吸收；另外2/3的钙结合在酪蛋白上，这部分钙会随着酪蛋白的消化而被释放出来，也很容易被吸收。最后，牛奶中钙的生物利用率也特别高。当钙磷比在0.5~3之间的时候，钙被保留在骨骼上的效率最高，而牛奶中的钙磷比为1.3。由此可以看出，牛奶的确是人类膳食中不可多得的优良钙源。

再来看看蔬菜。首先，并没有多少蔬菜的钙含量高于牛奶；其次，由于大多数蔬菜中都含有草酸，而草酸会降低包括钙在内的许多矿物质的吸收，使得蔬菜中的钙的吸收率较牛奶低得多，如菠菜中的钙吸收率只是牛奶中钙的吸收率的1/6。蔬菜中唯一的例外，就是卷心菜。卷心菜中的钙吸收率和牛奶一样高，但是其中的钙含量仅仅为30mg/100g。也就是说，如果你执意要通过吃卷心菜补钙，别人早晨只需要喝300ml牛奶（有点儿多，好歹还是能喝下去）或者吃30g奶酪就能摄入300mg的钙，你得吃1kg的卷心菜才能达到相同的补钙量！

喝牛奶不会导致钙流失

喝牛奶导致钙流失的说法完全没有科学依据。首先，"食物的酸碱性会影响到体液酸碱性"的说法没有任何科学根据。引起体液变酸的主要元凶是氢离子，人体中氢离子的主要来源是糖类代谢产生的二氧化碳溶于水产生的碳酸氢根和氢离子，这些称为呼吸性酸；次要来源是一些含硫、含磷的化合物以及代谢产生的有机酸（比如乳酸），这些称为代谢性酸。呼吸性酸的量远大于代谢性酸。健康的机体有一套完整的机制，可以将体液维持在一个正常的酸碱范围内。这套机制主要依靠血液中的缓冲系统，以及肺和肾脏的调节作用。血液中最重要的缓冲体系是碳酸氢钠缓冲溶液（$NaHCO_3/H_2CO_3$）；肺可以通过改变呼吸的频率来改变带走的二氧化碳的量，以调节血液中碳酸的浓度；而肾可以通过改变对碳酸氢钠的重吸收作用来调节其浓度，从而最终使血液pH维持在一个正常的范围内。血液中还存在其他的缓冲系统，但都不需要钙离子的参与。血液中的钙离子主要是参与一些神经组织的活动。由此可见，体液有其自身的酸碱调节机制，一个健康的人不会因为摄入正常食物而导致体液酸碱失衡，更不会导致骨钙分解。

其次，人体骨骼总量是增长还是减少，取决于成骨细胞和破骨细胞的共同作用。通常从出生到青少年阶段，成骨细胞起主导作用，其合成骨骼的速度大于破骨细胞分解骨骼的速度，因而人体骨骼会变粗、变致密。人体骨骼重量在三四十岁达到巅峰，之后破骨细胞对骨骼的侵蚀速度快于成骨细胞合成骨骼的速度，人体就会慢慢地流失骨质（女性在更年期之后由于激素的原因，骨质流失速度比男性更快），最终导致骨质疏松。与流言中提到的摄入高蛋白的酸性食物会导致骨质流失相反，有大量研究表明，提高蛋白质的摄入量（不论是动物性蛋白还是植物性蛋白）不仅不会导致骨钙流失、骨质疏松，反而有助于骨骼健康。因为摄入的蛋白质会刺激胰岛素生长因子IGF-1的生成，从而刺激骨骼形成，增加骨量。

最后，骨骼作为钙质的仓库，对于维持血液中钙的浓度有着重要的作用。当通过饮食摄取的钙质不足以维持血钙浓度的时候，破骨细胞就会分解骨骼释放钙离子，以维持血钙浓度。因此，保证日常摄入足够的钙质，一方面可以在青少年时期"深挖洞，广积粮"，储存足够的骨质以应对未来的骨质流失，另一方面也可以在中年以后尽量维持血钙浓度，从而减缓骨质流失的速度。

综上所述，牛奶是非常优质的补钙食物，大家不必担忧。

■ 谣言2：牛奶中的酪蛋白会加速癌症发展

牛奶本是不可多得的健康食物，可是关于牛奶致癌的言论却屡屡在朋友圈流传，比如曾经风靡一时的文章《牛奶的巨大危害！建议彻底禁食牛奶、肉、鱼、蛋》。美国康奈尔大学的教授坎贝尔（T. Colin Campbell）在文中呼吁大家禁食牛奶，因为牛奶会致癌。坎贝尔认为：牛奶中的蛋白质，尤其是酪蛋白，是一种非常强的促癌剂，可促进各阶段癌症的发展。

坎贝尔教授是如何得出牛奶中的酪蛋白可以促进各阶段癌症发展这一结论的呢？这得从1968年的一篇来自印度的论文说起。

这篇论文通过大鼠试验，得出"摄入高蛋白饲料与肝癌发病率呈正相关"的结论。坎贝尔教授在看了这篇论文之后，与其研究小组设计了一系列类似的试验，发现改变饲料中蛋白质的含量可以改变大鼠肝癌的发展速度，高蛋白摄入会加快大鼠肝癌的发展。他们还发现，试验中使用的蛋白是动物来源的牛奶酪蛋白，如果换成植物来源的大豆蛋白或者小麦蛋白，则不会促进癌症的发展。在20世纪80年代，坎贝尔教授又参与了一项中国健康调查，通过对比中美两国国民的日常膳食摄入和一些疾病的发病率，从而得出结论：肉类和乳制品等高蛋白膳食是许多疾病的根源，素食更有利于健康。

坎贝尔教授把他的这些研究经历写成了《中国健康调查报告》一书，牛奶中的酪蛋白会促进各阶段癌症发展的观点正是出自此书。由于此书的观点迎合了推崇素食主义的美国责任医疗医师委员会和提倡保护动物权益的善待动物组织的理念，因而被他们广泛用于反对乳制品的宣传中。牛奶能致癌就是他们反对乳制品的论据之一。

那么，饮用牛奶到底会不会增加患癌症的风险呢？

为了回答这个问题，让我们先回头看看坎贝尔的试验。首先，坎贝尔的研究对象是已经通过大剂量黄曲霉素（一种强致癌物）诱导出癌变细胞的大鼠，这并不能直接推导出酪蛋白对健康的人体也有相同的作用的结论。其次，试验中所用的酪蛋白是大鼠唯一的蛋白质来源，这和人类的膳食结构完全不同。即使按照中国营养学会的建议，每天摄入相当于300g牛奶的乳制品，其中也仅含有7.5g左右的酪蛋白，仅占人体每天摄入的蛋白质的一小部分（不到10%）。这样一个严格控制的动物对照试验的主要意义在于指导进一步的研究，并且需要结合其他研究综合进行判断，单凭某一项或某几项研究不能得出结论，更不应该以此来指导大众饮食。

对于以人为研究对象的队列研究以及生态性研究也要谨慎，因为人们的饮食方式、生活环境、遗传背景等因素都会对结果产生干扰，而且很难排除。20世纪80年代，中国人和美国人除了饮食习惯之外，人种差异、生活环境、工业化水平等也是大大不同的，这些都有可能影响研究结果。

牛奶本身是一种复杂的食物，含有多种不同的营养成分，其对人体的作用也是这些不同的营养成分共同作用的结果。同样是研究牛奶与癌症的关系，不同的研究方法，不同的研究团队，可能得出不同的结果，这都是很正常的。而主流的科学观点则是在综合评估了所有研究结果之后得出一个总结性结论。

虽然坎贝尔教授的这本《中国健康调查报告》也列举了很多的试验数据，引用了大量的参考文献，看起来很像是一本专业严谨的学术巨著，也在社会上引起了不小的关注，但其实在学术界并没有得到大多数科学家的认同。许多针对这本书的批评都指出，其中提到的研究结果，都是作者选取的能支持其观点的研究，而有意忽略了大量其他的不符合他的观点的研究结果。换句话说，这本书更多的是表达了作者的个人观点，而不是学术界的共识，无法代表学术界的主流观点。

世界癌症研究基金会和美国癌症研究所于2007年底联合发布的《食物、营养、身体活动和癌症预防》专家报告根据最新的研究成果，对饮食、营养、身体活动与癌症风险进行了权威的评估，客观地反映了当前学术界的主流观点。其中，关于牛奶和其他乳制品与癌症风险关系的研究结论是，目前没有任何足够有说服力的证据表明牛奶有增加或者降低癌症风险的效果。

需要指出的是，尽管部分研究表明牛奶或者其他乳制品可能会增加前列腺癌的患病风险，但是这主要出现在那些大量饮用牛奶的地区的人群中。每天1.5g的钙质摄入是什么概念？考虑到一般来自其他食物的钙质在每天300mg左右，也就意味着有1.2g的钙质来自牛奶，这相当于每天饮用超过1kg的牛奶，这显然远远超过了大多数中国人的乳制品摄入量。

其实，考虑到美国人以及当前部分中国人日常膳食中过高的脂肪和蛋白质摄入量，坎贝尔这本书所提倡的减少高脂肪、高蛋白的肉食摄入，增加水果、蔬菜和谷物等植物性食物摄入的观念还是有一定的积极意义的。但是，被曲解以后作为造谣的工具实在是悲哀。在中国人均乳制品消耗量还远低于世界平均水平的时候，就因为这种没有被科学证实的观点而放弃乳制品——这一优质的钙源，实在有点杞人忧天了。健康饮食最重要的是营养均衡，在此基础上，食物是来自植物还是动物，那就是个人的选择了。

■ 谣言3：脱脂奶既难喝又有毒

有些人因为担心喝全脂牛奶会发胖而选择了脱脂牛奶，然而一条关于脱脂奶的微博，却让很多喝脱脂奶的消费者纠结了起来。

脱脂奶不仅难喝，而且有毒！许多减肥者都喝过"乳制品界的白开水"——脱脂奶吧？但你知道这样做反而会适得其反吗？事实上，一个成年人每日所需的脂肪量是60~85g，鲜牛奶脱脂会丧失原本含量丰富的维生素，而这些维生素原本是和脂肪一起维持减肥者正常的身体代谢，并增加饱腹感的。所以脱脂奶喝多了不仅会影响你的脂肪消耗，还会刺激大脑释放饥饿信号，让你忍不住多吃！特别是有些"良心"商家为了脱脂奶的口感，还免费为大家添加了糖。So，要减肥就别上当，对脱脂奶Say "NO！"

脱脂奶真的如这条微博中所说的这么不堪吗？我们不妨来逐一分析分析。

牛奶脱脂后会丧失原本含量丰富的维生素吗？

前文提到了，牛奶脱脂的确会损失大部分脂溶性维生素，因为这些维生素都留在脱脂牛奶的副产品——稀奶油里了，但那些水溶性维生素仍然被保留下来了。且牛奶中的脂溶性维生素本来含量就比较低，并不是我们人体所需的脂溶性维生素的主要来源。因此，脱脂牛奶即便是丢失一点儿脂溶性维生素，那也是微不足道的，我们完全可以从其他食物中获取这些脂溶性维生素。

脱脂奶会刺激大脑释放饥饿信号让人多吃吗？

全脂牛奶中含有大约4.2%的脂肪。中国营养学会发布的膳食指南推荐成年人每天摄入相当于300g牛奶的乳制品。300g全脂牛奶含有大约12g脂肪，如果换成等量的脱脂牛奶，那就相当于少摄入了12g脂肪。少摄入了能量，自然饱腹感就相对差一些。饿了想吃东西，这本来是很正常的。而吃什么东西、吃多少，才决定了膳食是否合理、是否平衡。靠多吃脂肪来增加饱腹感，这恐怕才是想减肥的人应该避免的事情吧。

脱脂奶会为了口感而加糖吗？

市面上的确有牛奶加糖做成甜牛奶的产品，甚至还有加很多很多糖的含乳饮料。但是这样的产品与是全脂牛奶还是脱脂牛奶没有必然联系，市面上加糖的全脂牛奶产品甚至还更多一些。如果不想买加糖的牛奶，只需要在选购产品的时候看一眼配料表，如果里面没有写糖，那就是没有额外加糖。营养成分表里的碳水化合物，是牛奶中本来就有的乳糖，不必担心。

国外都不喝脱脂奶吗？

还有网友说国外都不喝脱脂奶，脱脂奶在美国被养猪场廉价或免费弄来当饲料。实际上，牛奶的定价通常是根据其中含有的蛋白质和脂肪来计算的，由于脱脂奶不含脂肪，所以其价格的确比相同重量的全脂奶便宜，但仍然属于一种比较昂贵的食品原料，远远没有便宜到当饲料的地步。1kg全脂牛奶的价格基本相当于这1kg全脂牛奶可以生产的脱脂牛奶和稀奶油的总价。国外的超市货架上一般有全脂牛奶、脱脂牛奶，以及脂肪含量不等的低脂/半脱脂牛奶。

其实，我们喝牛奶主要是为了获取其中含量丰富又容易被人体吸收的钙质和蛋白质。这两种营养成分在全脂牛奶和脱脂牛奶中都有，而且由于没有了脂肪，脱脂牛奶中的钙和蛋白质的含量还略微高一些。本文开头引用的微博里有一句话倒是没错，那就是脱脂牛奶难喝。如果比较在意口感，可以选择口感更好的全脂牛奶；如果担心摄入过多脂肪，那么就可以选择脱脂牛奶。如果接受不了脱脂牛奶淡如水的口感，低脂牛奶则是不错的折中选择。总之，大家在选购牛奶的时候，根据自己的需求选购就好了，不要在意网上的这类谣言。

■ 谣言4：水牛奶比纯牛奶好

曾有一段时间，关于水牛奶的广告铺天盖地。水牛奶被描绘成"世界上最接近完美的牛奶"，俨然是上帝赐给人类的最好的礼物。广告中对水牛奶的宣传大致有如下几点：①营养价值比其他牛奶高好几倍；②更优于人乳，能促进幼儿大脑发育；③有减肥、抑制肿瘤、美容养颜、抗衰老等奇效。水牛奶果真如此神奇吗？

水牛奶一直都在

水牛奶，顾名思义，就是水牛产的奶。而平常说的牛奶，是家牛产的奶。家牛和水牛其实算得上是近亲了，在动物分类学上它们同属于牛科，只不过家牛属于牛属，而水牛属于水牛属。因此，水牛奶和家牛奶其实都可以称为"牛奶"。专门养殖的用于产奶的母家牛，就是咱们平时说的奶牛了。人们为了获得更大的产奶量，特地培育了一些品种优良的奶牛，比如大家熟知的黑白花奶牛（荷斯坦奶牛）。为了叙述方便，下文中提到的牛奶就是特指家牛产的奶。

水牛奶并不是什么新鲜事物，根据2009年的数据，世界乳业总产奶量中，牛奶占了总量的83%，以绝对优势占据主导地位；水牛奶占了12%，位居第二。水牛奶的主要产地在亚洲，80%以上产自印度和巴基斯坦。水牛的产奶量远低于奶牛，一头水牛每年的产奶量在2000kg左右，而即使是低产的黑白花奶牛，一年也可产奶3000～4000kg，高产的通常都可以达到6000kg以上。

水牛奶的营养价值有多高？

为了便于进行对比，现将人乳、牛奶和水牛奶的主要成分列出，如表1.20所示（具体数值随品种、季节、饲养条件等略有变化）。从下表可以看出来，水牛奶的总干物质含量的确高于牛奶，比牛奶高了50%左右。具体来说，水牛奶的蛋白质含量和脂肪含量比牛奶高。尤其是脂肪含量，是牛奶脂肪含量的2倍。不过，二者的乳糖含量差不多。水牛奶的钙、磷含量也都高于牛奶，但是二者总矿物质含量差不多，说明水牛奶在其他一些矿物质的含量上要低于牛奶。

表1.20　人乳、牛奶和水牛奶的主要营养成分表

项目	人乳	牛奶	水牛奶
总干物质（g/L）	120	125	180
蛋白质（g/L）	15.5	35	43
酪蛋白（g/L）	8.5	28	36
乳清蛋白（g/L）	7	7	7
糖类（g/L）	75	45	45
乳糖（g/L）	65	45	45
寡糖（g/L）	10	痕量	痕量
脂肪（g/L）	35	36	72
矿物质（g/L）	2	7	7
钙（mg/L）	300	1250	2030
磷（mg/L）	200	1250	1290

水牛奶与牛奶营养物质的比较

表面上看，水牛奶的营养价值的确要优于牛奶，不过也没有像广告中宣传的那样高出好几倍甚至几十倍。从总干物质含量的角度来看，1kg水牛奶大概相当于1.5kg牛奶。但是，天下

没有免费的牛奶——水牛奶较高的干物质含量也决定了它较高的售价。

以国内某高端水牛奶和某高端牛奶为例，250ml装的水牛奶售价约8元，同样体积的牛奶售价约5元。消费者买牛奶主要是为了其中的干物质，而非那88%的水分。计算一下就可以知道，假设买奶的钱全部用于买干物质，那么购买每克水牛奶的干物质和每克牛奶的干物质所花费的钱分别是：

水牛奶：8元/（250ml×180g/L）=0.177元（约0.18元）

牛奶：5元/（250ml×125g/L）=0.16元

0.18元和0.16元，相差并不大。也就是说，消费者花同样的钱，只是买了两种来源不同、实质几乎相同的营养物质而已。

水牛奶优于人乳毫无根据

哺乳动物分泌乳汁，目的是为了哺育自己的后代。不同哺乳动物的乳汁成分自然也分别对应了其后代的不同需要。人乳是人类婴儿最适合的食物，这已经是全世界的共识，其替代品——婴儿配方奶粉也一直在尽力模仿母乳的成分。

水牛奶中较高的蛋白质和脂肪含量并不代表它的营养价值优于人乳。

首先，奶中的蛋白质可以分为酪蛋白和乳清蛋白两大类。人乳中易于消化和吸收的乳清蛋白的比例要远高于牛奶和水牛奶，而较难被消化的酪蛋白的比例则很低。

其次，水牛奶中的脂肪颗粒比较大（比人乳和牛奶中的都大），较大的脂肪颗粒不仅在人体内较难被消化，在工业生产上也更难均质化。

再次，不论是水牛奶还是牛奶，其乳糖含量都远低于人乳。乳糖水解后得到的半乳糖对于婴儿大脑的发育至关重要。另外，乳糖作为一种益生元，对于婴儿吸收钙质和肠道有益菌群的定植也是有好处的。因此，说水牛奶优于人乳是一种非常不科学且不负责任的说法。如果硬要说水牛奶优于人乳，那只能是对于水牛宝宝而言的。

水牛奶有助于减肥？

水牛奶有着接近牛奶2倍的脂肪含量，实在想不出来它为什么就能有助于减肥了。难道是因为其脂肪颗粒较大而不易被消化？对此，我只能说"你信不信我不知道，我反正是不信"。至于抑制肿瘤、美容养颜、抗衰老等奇效，没有找到任何相关的实验依据。而且，水牛毕竟和家牛是近亲，如果说水牛奶有这些奇效，那么普通的牛奶也应该具有这样的效果。

水牛奶有啥用途？

水牛奶最广为人知的用途，其一是用来做马苏里拉奶酪，其二是用来做双皮奶。

原产意大利的马苏里拉奶酪主要是用来制作比萨。意大利马苏里拉奶酪的传统生产原料是水牛奶，不过现在很多乳品企业也使用牛奶。虽然水牛奶较高的酪蛋白和脂肪含量很适合用来做奶酪，但是水牛较低的产奶量还是限制了水牛奶在欧洲的发展。

我国广东一带的著名小吃双皮奶也是用水牛奶制作的。水牛奶适合做双皮奶的主要原因是它的脂肪和蛋白质含量较高，而奶皮的主要成分就是脂肪和蛋白质。但同样因为产量的原因，除了广东一些双皮奶传统老店还使用水牛奶做双皮奶，全国大部分双皮奶已经改用牛奶做了。

■ 谣言5：牛奶与香蕉同食会拉肚子

经常听人说，牛奶不能与香蕉同食，否则就会拉肚子。在网上搜索了一下，对香蕉与牛奶不能一起食用的解释大致有两种。一种是说：香蕉是凉性的，牛奶是热性的，同食会导致肠胃不和，很可能发生腹泻；另一种说法则是从二者的成分来分析：香蕉中的果酸会使牛奶中的蛋白质变性沉淀，变得难以消化吸收，从而导致腹泻。

无论是哪种说法，都是谣言。首先，给各种食物划分冷热属性并没有什么科学依据。退一步说，如果这个理论正确的话，那么流传甚广的属凉的螃蟹要搭配属热的姜汁来食用的说法又是怎么回事呢？是凉性配凉性还是凉性配热性？看来推崇这种理论的人自己也没有达成共识。说香蕉和牛奶因所谓的冷热属性不同，同食会导致腹泻，其实是没有道理的。

至于"香蕉中的果酸会导致牛奶蛋白质沉淀，从而难以消化"的说法更是无稽之谈。的确，牛奶中的蛋白质在酸性环境下是会变性沉淀。但是，蛋白质变性之后只会因为结构改变而失去生物活性，并不会影响它的营养价值。比如酸奶，其中的蛋白质就已经变性沉淀了,但这毫不影响它丰富的营养价值。更何况,香蕉中的果酸很少,远不及胃酸的酸性强。就算不吃香蕉,牛奶中的蛋白质也会在胃酸的作用下变性。因此,这个说法同样没有道理。

然而,谣言之所以能传播这么长时间,肯定是有一些"事实"支持的。比如隔壁小王某天早晨吃香蕉、喝牛奶后拉肚子了,周围街坊邻居听说后就会语重心长地说:"老一辈早就说香蕉和牛奶不能一起吃,肯定是有道理的。你就是不听!"那么,小王怎么就拉肚子了呢?这很可能是乳糖不耐受导致的。关于乳糖不耐受的介绍,可以参考第46页的"喝了牛奶不舒服,是乳糖不耐受还是牛奶过敏"。对于乳糖不耐受的人来说,空腹大量喝牛奶无疑更容易引起腹胀乃至腹泻。我们悲催的小王,很可能就是因为乳糖不耐受,加上空腹,又恰巧多喝了几口牛奶,从而导致了腹泻。与牛奶一起食用的香蕉,只不过是"躺着也中枪"了。

实际上,牛奶和香蕉都是营养丰富的食物,牛奶可以补充钙质以及提供优质的蛋白质,而香蕉则可以提供丰富的维生素和矿物质,而且香蕉中的糖类还可以为身体提供能量。这也是香蕉加牛奶在日本是最强早餐组合的原因了。

除此之外,网上还流传着各种各样的饮用牛奶的注意事项,提到了好多不能与牛奶一起食用的食物,比如不可与果汁或者酸性水果(比如橘子)一起食用,因为牛奶中的酪蛋白会变性沉淀从而难以吸收等,这在上文已经反驳过了。再比如说牛奶不能和巧克力一起食用,因为巧克力中的草酸会与牛奶中的钙结合形成沉淀，影响钙的吸收，甚至会导致头发干枯、腹泻、生长缓慢。实际上，食物中的草酸的确会结合钙质生成草酸钙沉淀，从而影响钙质的吸收。不过用于生产巧克力的可可粉的草酸含量虽然很高，达到每100g可可粉含有470mg草酸，但是等到制成巧克力以后，其中的草酸含量已经大大降低，每100g黑巧克力仅含有120mg草酸，健康的人完全能够正常代谢这些草酸。另外，与其单独吃巧克力，让草酸与血液中的钙结合成沉淀物，再通过肾脏随尿排出，不如与含钙量高的牛奶一起吃，使之沉淀在消化道里，再随着大便排出体外。这个其实与菠菜烧豆腐是一个道理。

总结一下，牛奶和香蕉一起食用并不会引起腹泻。相反，牛奶配香蕉是一种很健康的搭配。如果偶尔有腹胀、腹泻的情况，很可能是乳糖不耐受导致的，与香蕉没有关系。网上流传的很多食物不能与牛奶一起食用的说法也没有科学依据。只要两者都是正常干净的食物，混在一起吃并不会让人食物中毒。相反，多样化的膳食结构，均衡地获取营养，更有利于健康。

 读者提问

：听说牛奶喝多了会变胖，是真的吗？

A：假的！人会不会胖，关键要看一天当中的总能量会不会增加，而不是喝没喝牛奶。牛奶中88%都是水，250g的牛奶也就150kcal能量，和很多食物相比，这个能量值非常低。更何况牛奶中含有丰富的营养，很多垃圾食品是望尘莫及的。需要注意的是，如果晚上睡前喝牛奶，应当相应减少晚餐的食量，以避免因额外摄入热量而发胖。

: 听说牛初乳里激素多，会导致儿童性早熟，是真的吗？似乎婴儿奶粉中都不许添加牛初乳呢！

A: 不是真的。牛初乳里的激素水平确实比一般牛奶高，但和人的初乳水平相当。既然人的初乳不会导致儿童性早熟，那么牛初乳也不会。规定婴幼儿奶粉中不得加入牛初乳，并不是因为它会导致性早熟，而是牛初乳作为一种成分复杂的混合物，在没有明确其风险及益处前，不能添加到婴儿奶粉中。

: 什么时间喝牛奶比较好？

A: 一般来说，在吃饭时喝牛奶，由于混合着其他食物，可以延长牛奶在消化道里的时间，因而更有利于人体对牛奶中钙质的吸收。在吃饭的同时喝牛奶，还有利于缓解乳糖不耐受的症状。其实，对于一般人来说，喝牛奶主要是为了摄取其中的钙质，早晨喝还是晚上喝结果差异并不大，完全没必要纠结，看个人生活习惯，想什么时候喝就什么时候喝。

: 听说牛奶煮沸了不好，会有什么不好的影响呢？

A: 把牛奶煮沸的确会破坏不少对热敏感的维生素。不过，喝牛奶主要是为了获得其中的钙质和优质蛋白质，煮沸对这两种物质没什么影响。如果是保质期内的巴氏奶或者常温奶，已经经过了灭菌，没必要在喝前煮沸，如果不爱喝凉的可以加热后再喝。如果是未经灭菌的生牛奶，还是煮沸了喝更安全。

自制牛奶美食

■ 香蕉奶昔

用料：香蕉2根，牛奶1袋。

做法：

1. 选一个品相好的香蕉，去皮。

2. 把香蕉切成段儿，最好是等大的段儿。

3. 把切好的香蕉段儿放入搅拌机内，再加入一袋牛奶，盖好盖子。

4. 不要搅打太久，用点摇档即可，点摇2～3次没有大颗粒就完成啦。

5. 将打好的奶昔倒入杯中，直接饮用即可，果香十足。

如果一次喝不了，可以放到瓶中，封口后放置冰箱储存。

■ 牛奶炖蛋

用料：鸡蛋1个，牛奶1袋，白糖适量。

做法：

1.将牛奶加热至温，加入适量白糖搅匀。

2.将一个鸡蛋打散，倒入牛奶中搅拌均匀。

3.加上盖子，或者用保鲜膜覆上，蒸10分钟即可。

■ 牛奶南瓜羹

用料：南瓜1斤，牛奶1袋。

做法：

1.把南瓜去子切成小块儿，上锅蒸熟。

2.把蒸好的南瓜去皮。

3.把南瓜搅拌成泥状，喜欢细腻口感的可以过一下筛。

4.将南瓜泥倒入小锅中，加入牛奶搅拌均匀，小火加热至沸腾即可。

注意：南瓜有甜味儿，不用再加糖了。

◆ 牛奶可以分为含奶量100%的巴氏杀菌乳、灭菌乳，以及含奶量在80%以上的调制乳。巴氏杀菌乳和灭菌乳的蛋白质含量不低于2.9%，脂肪含量不低于3.1%；调制乳的蛋白质含量不低于2.3%，脂肪含量不低于2.5%。

◆ 巴氏杀菌乳和灭菌乳的主要差异是热处理条件不同。相比巴氏杀菌乳，灭菌乳的热处理条件更严格，杀灭更多细菌的同时，难免会损失一些对热敏感的营养物质。不过灭菌乳不必像巴氏乳那样在4℃冷藏保存，在常温下就可以保存90天以上。

◆ 如果有冷藏条件，每天都喝奶，那么可以选择巴氏杀菌乳；如果喝奶时间不固定，没有冷藏条件，那么灭菌乳可能更适合您。

◆ 复原乳不是营养价值极低的牛奶，复原乳本身的营养价值和牛奶非常接近。

◆ 宝宝1岁以后就可以给他循序渐进地引入全脂牛奶了。除非过度肥胖或者是医嘱人群，否则均建议喝全脂牛奶。不需要买那些声称针对特殊人群的牛奶。

第二章

酸奶，经过发酵的牛奶

酸奶是以牛奶为原料，添加发酵剂发酵制得的产品。酸奶不仅保留了牛奶中的绝大多数营养，还更容易被消化吸收，非常适合儿童食用。这一章将详细介绍酸奶的种类和选购策略，让你明明白白选酸奶。

不是所有的酸味奶都可以称为酸奶

酸奶是如何起源的，我们现在已经无法得知了。据推测，早在公元前几千年，世界上一些地方的人就开始吃酸奶了。那个时候的人还不知道什么是"微生物"，酸奶的产生很可能只是储存在羊皮袋里的牛奶被周围环境中的杂菌污染并发酵了而已。然而这并不妨碍世界各地的人们在几千年里不知不觉地利用微生物继续生产酸奶。

到了19世纪，人们终于发现了细菌的存在。随后，在20世纪初，一位名叫赛德蒙·格里戈罗夫的保加利亚微生物学家才在酸奶中发现了一些小球状和小棒状的细菌。后来，他把酸奶里的这种小棒状的细菌，命名为保加利亚乳杆菌；而另一种小球状的细菌，就是酸奶里的第二种细菌——嗜热链球菌。

事实上，酸奶可能是地球上那些"伟大的"乳制品公司所生产过的最好的乳制品了。其实并不是所有尝起来是酸味的奶都可以称为酸奶。酸奶，或者说酸乳，是发酵乳的一种。世界大多数国家对于酸奶都有严格的定义，使得酸奶在两个极其重要的方面区别于其他尝起来是酸味的奶：第一，它必须是由两种特定的乳酸菌菌种（保加利亚乳杆菌和嗜热链球菌）发酵而来；第二，消费者食用时，它必须含有一定数量的活菌（我国国家标准规定，每克酸奶中的乳酸菌数不得低于100万）。

牛奶或者羊奶都可以用来做酸奶，不过考虑到平时市面上最常见的还是用牛奶做成的酸牛乳，以下提到的酸奶都是指酸牛乳。

牛奶是如何变成酸奶的？

牛奶中88%都是水分，干物质只有12%左右。这样一种稀薄的乳浊液是怎么变成黏稠的、半固体状的酸奶的呢？这主要归功于牛奶中那不到3%的酪蛋白。乳酸菌发酵产生的酸使牛奶pH降低，当pH降低到酪蛋白等电点（pH=4.6）的时候，酪蛋白胶粒就相互交联，形成一个巨大的、海绵状的酪蛋白网，水分都被吸收在这块"海绵"中，从外表来看，牛奶就像是凝固了。至于牛奶变酸，就是保加利亚乳杆菌和嗜热链球菌的功劳了。

保加利亚乳杆菌比较耐酸，可以通过使乳糖发酵得到乳酸，把牛奶的pH降低到4.5左右；而嗜热链球菌比较耐热，37～60℃之间都可以生长（最适宜的生长温度是42℃左右），但它的产酸能力却比保加利亚乳杆菌差，只能把牛奶的pH降低到5.2左右。

这两种乳酸菌在牛奶里形成一种微妙的互惠共生的关系。乳酸菌要想在牛奶里繁殖，需要大量可以直接利用的氨基酸和肽，于是保加利亚乳杆菌先充当起后勤兵的角色，把牛奶中的酪蛋白水解成可以被乳酸菌直接利用的氨基酸和肽。有了充足的粮草，打头阵的嗜热链球菌迅速繁殖，发酵乳糖产生乳酸，使牛奶的pH开始降低。随着pH的降低，嗜热链球菌的活动开始减弱，但是却为保加利亚乳杆菌营造了一个更适宜的生存环境。另外，嗜热链球菌产生的少量的甲酸还可以刺激保加利亚乳杆菌，使其快速生长。这时候，耐酸的保加利亚乳杆菌接替嗜热链球菌，开始发酵乳糖，大量产酸，直到发酵结束。在酸奶的发酵过程中还会产生乙醛、丙酮、丁二酮等物质，从而赋予了酸奶独特的风味。

酸奶可以代替牛奶吗？

很多妈妈都有这样的疑问：可以用酸奶代替宝宝喝的牛奶吗？当然可以！为什么这样说呢？

我们先来看看牛奶里都有什么。就像牛奶的包装盒上标识的那样，不管是巴氏奶还是常温奶，通常100g全脂牛奶中，含有大约3%的蛋白质、3.5%的脂肪，以及5%的碳水化合物。除此之外，100g的牛奶中还含有约100mg钙质。若是低脂或者脱脂牛奶，其中的脂肪含量则会低一些。

至于酸奶，通常无糖原味酸奶的主要营养成分和牛奶差不多。这并不稀奇，因为酸奶就是直接从牛奶发酵而来的。牛奶经过嗜热链球菌和保加利亚乳杆菌这两种乳酸菌的发酵，让酪蛋白互相交联成网状，网罗住了牛奶里的其他物质，从而形成了一种像嫩豆腐一样的质地，这就是凝固型酸奶；若是在发酵后把凝固的酸奶搅拌一下，就成了能流动却又比牛奶黏稠许多的搅拌型酸奶；如果再加入其他的果蔬等成分，我们就得到了风味酸奶。风味酸奶中加入了一部分果蔬，相当于牛奶的营养被稀释了，因而蛋白质、脂肪、钙等营养含量会略低一些。

表 2.1　牛奶和酸奶产品的营养成分标准

		蛋白质含量	脂肪含量
牛奶产品	巴氏杀菌乳 / 灭菌乳（100% 奶）	≥ 2.9g/100g	≥ 3.1g/100g
	调制乳（至少 80% 奶）	≥ 2.9g/100g	≥ 2.5g/100g
酸奶产品	发酵乳（100% 奶）	≥ 2.9g/100g	≥ 3.1g/100g
	风味发酵乳（至少 80% 奶）	≥ 2.3g/100g	≥ 2.5g/100g

我们提倡宝宝喝牛奶，主要是因为乳制品含有丰富的钙质，而且其中的钙质很容易被人体吸收利用，这一点其他类型的食物很难代替；其次是因为牛奶中的蛋白质是优质蛋白质。在牛奶发酵成酸奶的过程中，钙质并没有损失。蛋白质虽然被乳酸菌水解了一部分，但是却变成了更容易被人体吸收的多肽。因而从这两个方面来说，酸奶并不比牛奶少什么营养。

酸奶不仅不比牛奶差，实际上还比牛奶更好一些。酸奶中的乳糖有大约1/3都被乳酸菌分解了，另外乳酸菌在发酵的过程中还会产生一些乳糖酶，因而有乳糖不耐受的人也可以安心地食用酸奶。乳酸菌将一部分蛋白质、脂肪降解成了更小的分子，因而酸奶更容易被人体消化吸收。乳酸菌还能产生B族维生素、烟酸、叶酸等人体必需的营养物质。酸奶中含有大量的活的乳酸菌，在经过了胃液和各种消化酶的"折磨"后，仍然会有一大部分活菌抵达肠道。虽然乳酸菌并不能长期驻扎在肠道中，仅能存活几个小时到几天，但是在这段时间内，乳酸菌仍然能够发挥一定的益生菌功效，有助于帮助消化，恢复肠道正常菌群。且根据研究，乳酸菌代谢产物对人体免疫力还有调节功能。

对于婴幼儿来说，酸奶更是强于牛奶。由于牛奶中的蛋白质有可能会引起一部分婴儿过敏，因而一般推荐宝宝至少要在1周岁之后才可以喝牛奶。前面提到过，酸奶中的大部分蛋白质在乳酸菌发酵的过程中被水解成了更容易被消化吸收且不容易致敏的氨基酸和多肽，因而一般认为从7个月起，就可以在添加辅食的同时逐渐让宝宝尝试无糖酸奶了。

总之，就算不考虑酸奶比牛奶更好的口感和味道，仅从营养的角度来看，酸奶也是完全可以代替牛奶的。其实，若是有条件，不妨选择多种多样的乳制品换着吃，牛奶、酸奶、甚至奶酪都可以。如此这般，既能享受各种不同的风味，又可以获取优质的钙质，何乐而不为？

宝宝多大可以喝酸奶?

除了对牛奶蛋白质过敏的宝宝,一般来说7个月起开始添加辅食的时候就可以给宝宝尝试酸奶了。需要注意的是,最好选择不含糖的原味酸奶,而且不要添加酸奶附送的糖包或者蜂蜜包。不要选择加了果粒、香精和大量糖的风味酸奶(风味发酵乳)。

为什么建议宝宝喝含糖量低的酸奶?

选择含糖量低的酸奶很重要。世界卫生组织建议:无论成年人还是儿童,都建议把每日摄入游离糖的能量占比限制在每日总能量的5%以下。如果做不到,每日摄入的游离糖能量占比最多不能超过总能量的10%。

什么是游离糖?游离糖是指厂家在制造食品、饮料时添加的单糖和双糖原料,包括蔗糖(白砂糖、绵白糖、冰糖、红糖)、葡萄糖、果糖、蜂蜜等,也包括各种葡萄糖浆、果葡糖浆、淀粉糖浆、麦芽糖浆等食品工业中常用的糖浆(果汁也算)。表2.2是2款酸奶的配料表。白砂糖、果葡糖浆都是游离糖。

表 2.2　2 款酸奶的配料表

产品类型	风味酸乳
配料	生牛乳、白砂糖、乳清蛋白粉、乙酰化二淀粉磷酸酯、果胶、琼脂、双乙酰酒石酸单甘油酯、结冷胶、食用香精、保加利亚乳杆菌、嗜热链球菌。
品名	××常温酸奶
产品类型	巴氏杀菌热处理风味酸乳
配料	生牛乳、白砂糖、果葡糖浆、浓缩乳清蛋白粉、浓缩牛奶蛋白、羟丙基二淀粉磷酸酯、琼脂、果胶、食用香精、乳酸菌（嗜热链球菌）、保加利亚乳杆菌
保质期	180 天
贮存条件	常温密闭保存，冷藏后风味更佳

　　牛奶中天然含有的乳糖并不算游离糖。牛奶中的乳糖含量为4.5%～5.5%，在发酵制成酸奶的过程中，大约有1/3的乳糖被水解为葡萄糖和半乳糖，葡萄糖进一步又发酵成了乳酸，所以酸奶才会非常酸。

　　为了改善酸奶的天然酸度，厂商们会选择在酸奶半成品中加入游离糖，以满足一般消费者的挑剔味觉。

　　酸奶中添加的游离糖可以是白糖，也可以是果糖、果酱等，完全取决于厂商的产品定位与成本控制。

　　那么婴幼儿的限糖量到底应该是多少呢？世界卫生组织没有明确说明，但我们可以粗略计算一下。按照每日总能量的5%计算，1～3岁的宝宝每日可以摄入的游离糖最多为10～15g。

　　一瓶每100g含14.7g碳水化合物的常温酸奶，其中的游离糖差不多是10g。这意味着，如果3岁以下的宝宝每天喝一瓶90g的酸奶，摄入的游离糖就差不多有9g了，已经接近世界卫生组织的建议值，这一天就不要再摄入其他含有游离糖的食品了。

如何为宝宝选到真酸奶？

酸奶富含钙和优质蛋白，是营养专家公认的健康饮品。然而，超市里五花八门、价格各异的"酸奶"产品让妈妈们挑花了眼，这其中有一些是伪酸奶。买酸奶，首先要确保买到货真价实的酸奶。和选购牛奶一样，学会看产品类型、配料表和营养成分表，你就会发现选到真酸奶也不是什么难事。

■ 发酵乳和酸乳，只含有奶和发酵剂

不管叫多洋气的名字，酸奶基本只分为两大类：发酵乳（含酸乳）和风味发酵乳（含风味酸乳）。

发酵乳是指以生牛（羊）乳或乳粉为原料，经杀菌、发酵后制成的产品，其中仅用保加利亚乳杆菌和嗜热链球菌制成的发酵乳叫酸乳。也就是说，发酵乳包含酸乳，发酵乳所用的发酵菌种不限于上述两种。

发酵乳包装上的产品类型为"发酵乳"或"酸乳"，配料表中只含有奶（或者奶粉）和发酵剂。和纯牛奶类似，发酵乳的生产也是可以加复原乳的，不过要在紧邻产品名称的部位标

明"复原乳"或"复原奶"。

发酵乳的口感通常偏酸一些，不太符合大多数人的口味要求，市面上这类产品非常少，更多见的产品是风味发酵乳。

根据我国国家标准GB 19302—2010《食品安全国家标准发酵乳》规定，发酵乳和酸乳中的蛋白质含量不低于2.9%，脂肪含量不低于3.1%。表2.3为某发酵乳的产品类型、配料表和营养成分表。

表 2.3 某发酵乳的产品信息

产品类型	无添加 发酵乳	
规　　格	135g	
保 质 期	21 天	
贮存条件	2 ~ 6℃冷藏	
配 料 表	生牛乳、保加利亚乳杆菌、嗜热链球菌	
营养成分表		
项目	**每100g**	**NRV%**
能量	322kJ	4%
蛋白质	4.1g	7%
脂肪	4.3g	7%
碳水化合物	5.5g	2%
钠	55mg	3%

如果想挑选最健康的酸奶，就买原味无糖酸奶吧。只需要查看一下产品的配料表，看看里面是否除了牛奶（或奶粉）发酵菌之外，没有糖以及其他成分。当然这种酸奶口感偏酸，可能需要一些时间适应。

读者提问

Q：如何判断酸奶是不是复原乳做的？

A：配料表中有乳粉，包装上写有"复原乳"，则可判定是复原乳做的。

Q：无蔗糖酸奶怎么样，适合减肥人群吗？

A：无蔗糖酸奶所含能量更低，对于肥胖人群来说，可以作为其他酸奶的替代品。

■ 风味发酵乳和风味酸乳，至少含有80%的奶

如果包装上面的产品类型一项写的是风味发酵乳，说明除了奶和发酵菌种以外还含有其他配料，如糖、水果粒、燕麦粒、增稠剂、营养强化剂等。风味发酵乳要求80%以上的原料是生牛（羊）乳或乳粉，额外添加的成分不得超过20%。

我国国家标准GB 19302—2010《食品安全国家标准发酵乳》规定，风味发酵乳的蛋白质含量不低于2.3%，脂肪含量不

低于2.5%，和调制乳的对应标准一致。表2.4是2款风味发酵乳的产品类型、配料表和营养成分表。

表 2.4　2 款风味发酵乳的产品信息

产品 1		
产品类型	风味发酵乳	
产品标准号	GB 19302	
配　　料	生牛乳、黄桃果酱、白砂糖、低聚果糖、牛奶蛋白粉、食用淀粉、食用香精、乳双歧杆菌 BB-12、保加利亚乳杆菌、嗜热链球菌、乳酸乳球菌乳脂亚种、乳酸乳球菌乳酸亚种、嗜酸乳杆菌	
贮存条件	2 ~ 6℃冷藏	
保 质 期	21 天	
营养成分表		
项目	每 100g	NRV%
能量	382kJ	5%
蛋白质	2.9g	5%
脂肪	3.1g	5%
碳水化合物	12.9g	4%
钠	60mg	3%
钙	94mg	12%

产品 2	
产品类型	低脂风味发酵乳
产　地	中国
配　料	生牛乳 ≥ 90%、乳清蛋白、食品添加剂、嗜热链球菌、保加利亚乳杆菌、蔗糖 ≤ 0.5g/100g
保质期	21 天
贮存条件	2 ~ 6℃冷藏保存

营养成分表		
项目	每 100g	NRV%
能量	197kJ	2%
蛋白质	3.0g	5%
脂肪	1.2g	2%
碳水化合物	6.0g	2%
钠	60mg	3%

　　如果想挑选口味丰富又相对健康的酸奶，那就买风味酸奶吧。挑选风味酸奶时，尽量选择糖分含量低而蛋白质含量高的产品。这时候可以主要参考营养成分表，选择碳水化合物在 12g/100g 以下的。

　　如果只是单纯想找一款味道特别好的酸奶该怎么办呢？这就更简单了，多尝试不同产品，找到自己觉得最好吃的就行了。当然这样的话，你就可以把这本书扔掉了。

Q: 风味酸奶不如原味酸奶吗?

A: 如果你说的原味酸奶指的是发酵乳(除了奶和发酵剂,没有额外添加糖等其他配料),那么从营养的角度来说,原味酸奶的确是比风味酸奶要好一些。如果大家能接受原味酸奶的味道,建议大家尽量选择无糖的原味酸奶。

如果你说的原味酸奶指的是产品包装上标注"原味"口味的市售酸奶,风味指的是原味以外的味道,那风味酸奶和原味酸奶没什么可比性,因为90%的市售原味酸奶本质上就是风味酸奶,也额外添加了糖,有的为了增香还加了稀奶油、炼乳等原料。原味酸奶的唯一优势可能就是额外添加的糖在大多数情况下会比风味酸奶少一些,具体情况还要结合营养成分表具体分析。

不过,也不能全盘否定风味酸奶。评价一个产品的好坏还要明确消费者是谁,他的需求是什么。风味酸奶通过添加糖或者水果,让产品口味更丰富,也不是一件坏事。另一方面,风味酸奶仍然属于乳制品,对于无法接受原味酸奶(发酵乳)的消费者,吃风味酸奶总比不吃酸奶好。

■ 活菌饮料并不是酸奶

买酸奶时，你会发现冷藏柜里有一类活菌饮料，因其中含有乳酸菌，一直以来被很多人视为健康饮品，特别是那些希望改善宝宝肠道功能的妈妈，有的甚至把活菌饮料看作益生菌酸奶。其实活菌饮料跟酸奶完全不是一回事。

酸奶是牛奶添加发酵菌种发酵而成的，牛奶含有的营养，酸奶基本都有。同时相比牛奶，酸奶在发酵的过程中乳糖部分被分解，乳糖不耐受人群也能放心享用酸奶。酸奶中虽然也有益生菌，但是通常不强调活菌数，也不强调益生菌的作用。

活菌饮料是在奶的基础上添加了大量的水、糖、香精等成分，因其本质是饮料，奶含量非常有限，营养价值也大大下降。一般为了掩盖酸味，活菌饮料中通常加了很多糖，多喝很容易变胖。有关乳酸菌饮料保健效果的详细介绍，见第120页"乳酸菌饮料，真的有保健功能吗"。

活菌饮料相对于酸奶，类似于乳饮料相对于牛奶。因此，如果是为了在膳食中增加乳制品而去购买酸奶，那就注意不要错买成活菌饮料。如果一定要买，要注意营养成分表，选择含糖量较低产品。

表 2.5　3 款乳酸菌饮料的产品信息

产品 1	
产品类型	乳酸菌饮料
规　　格	500ml/ 瓶
贮存条件	置于阴凉干燥处，避开阳光直射
保质期	9 个月
食用方式	开瓶即饮

营养成分表		
项目	每 100ml	NRV%
能量	119kJ	1%
蛋白质	0g	0%
脂肪	0g	0%
——饱和脂肪	0g	0%
——反式脂肪	0g	0%
碳水化合物	7.0g	2%
钠	18mg	1%

产品 2	
产品类型	活菌型乳酸菌饮品
配　　料	水、白砂糖、脱脂乳粉、食用葡萄糖、食用盐、食用香精、副干酪乳杆菌、食用盐（来源于海盐）添加量：0.6g/L 乳酸菌活菌数 ≥ 3×10^{8}CFU/ml 活性益生菌即副干酪乳杆菌 L.casei-01™
贮存条件	2~6℃冷藏
食用方式	开瓶即饮

营养成分表		
项目	每100ml	NRV%
能量	192kJ	2%
蛋白质	1.1g	2%
脂肪	0g	0%
碳水化合物	10.2g	3%
——糖	10.2g	
钠	69mg	3%
钙	40mg	5%

产品3	
产品类型	活菌型乳酸菌饮品
配　　料	水、白砂糖、脱脂乳粉、食用葡萄糖、食用盐、食用香精、副干酪乳杆菌
贮存条件	2~6℃冷藏
食用方式	开瓶即饮

营养成分表		
项目	每100ml	NRV%
能量	280kJ	3%
蛋白质	1.1g	2%
脂肪	0g	0%
碳水化合物	15.4g	5%
钠	20mg	1%
钙	35mg	4%

冷藏酸奶vs常温酸奶，应该怎么选？

买冷藏酸奶还是常温酸奶，是困扰不少消费者的问题。有人认为应该买冷藏酸奶，原因主要有两点：一是冷藏酸奶含有丰富的益生菌，而常温酸奶不含；二是常温酸奶保质期那么长，其中肯定含有防腐剂。而有人认为应该买常温酸奶，原因是：很多进口酸奶都是常温酸奶，国外食品标准那么严格，像外国人那么喝准没错。冷藏酸奶与常温酸奶之间到底有什么区别？应该买哪种呢？

■ 冷藏酸奶和常温酸奶的本质区别

通常，含有活性乳酸菌的酸奶需要冷藏，这主要是因为冷藏可以降低酸奶中的菌群继续繁殖的速度。但即便在冷藏条件下，酸奶中的活菌仍会缓慢发酵，时间长了会影响产品风味，同时会伴有活菌死亡，可能无法满足每毫升发酵乳要含有100万活菌的国家标准。因此，一般情况下酸奶是需要冷藏的，而且保质期一般只有20～35天（和巴氏奶的保质期差不多）。

常温酸奶是先按照类似酸奶的制作工艺生产，再进行巴氏杀菌，这样能杀灭其中绝大部分的乳酸菌（也就是说，常温酸奶中基本不含乳酸菌）。由于在发酵前已经进行过一次巴氏杀菌了，发酵后再杀菌就能大大降低酸奶中的杂菌数量。此外，发酵后很低的pH也不利于其他杂菌的生存。这样一来，产品因杂菌繁殖而变质的可能性就很低了，因而可以大大延长产品的保质期，无须冷藏。

📢 读者
提问 ▫▫

🌐：只要在冷柜中保存的酸奶就是含有活性乳酸菌的酸奶吗？

🅰：未必！一些常温酸奶也放在冷柜中陈列，但是其中并不含
　　活性乳酸菌。消费者在购买酸奶时，请一定要仔细观察产
　　品包装，常温酸奶会标注"巴氏杀菌热处理酸奶"字样。

■ 冷藏酸奶和常温酸奶均不含防腐剂

很多朋友都会有这样的疑问：保质期较长的酸奶里有没有
加防腐剂？根据法规要求，常温酸奶中不允许添加防腐剂，也
没有必要添加防腐剂。之前提到过，常温酸奶在发酵后经过了
巴氏杀菌热处理，杀灭了其中的微生物，阻断了乳酸菌过度发
酵的同时，也降低了有害微生物的风险，因此可以大大延长产
品的保质期，无须冷藏。

再说一下冷藏酸奶，冷藏酸奶也是不含防腐剂的。我们都
知道防腐剂有很强的抑菌作用，冷藏酸奶中含有活性乳酸菌，
为了保留乳酸菌，冷藏酸奶中也不可能添加防腐剂，更何况酸
奶中的乳酸菌本身就有抑制杂菌的效果。此外，酸奶发酵后的
酸性条件也有抑制杂菌的作用，所以不必担心冷藏酸奶中会添
加防腐剂。

■ 该选冷藏酸奶还是常温酸奶呢?

冷藏酸奶和常温酸奶中蛋白质、钙等营养成分的含量很接近，口感和风味也差不多。但是常温酸奶在发酵后经过了巴氏杀菌热处理，其中已经不含活性乳酸菌了，在这一点上，常温酸奶不如冷藏酸奶。不过常温酸奶由于经过了发酵，仍然要比普通牛奶好一点儿。

如果有冷藏条件，建议买冷藏酸奶。冷藏酸奶不仅含有活性乳酸菌，还经济实惠。如果没有冷藏条件，比如对于大学生、野外工作者等人群，那么常温酸奶是一个非常好的选择。

希腊酸奶、炭烧酸奶、老酸奶……买酸奶别被洋名字忽悠了

■ 希腊酸奶只是一个商品名称

首先需要明确一点，"希腊酸奶"是一个商品名称，并没有任何法规对其成分或者生产工艺进行限定。市面上的希腊酸奶有的是脱乳清酸奶，有的是额外添加了乳脂的酸奶，还有的可能只是通过使用其他原料或者食品添加剂实现浓稠的口感。

我们有时会发现，普通酸奶会析出一种淡黄色的透明液体，这是乳清，其主要成分是乳糖和蛋白质。脱乳清酸奶就是在生产过程中去掉了一部分乳清的酸奶。脱去乳清会让酸奶中的水分变少，相当于酸奶被浓缩了，因此脱乳清酸奶的黏稠度

介于普通酸奶和软奶酪之间，其中的蛋白质含量也高于普通酸奶。至于额外添加乳脂或者其他成分的酸奶，就需要仔细查看产品的配料表才能得知其真正的组成成分了。

脱乳清酸奶之所以叫"希腊酸奶"，主要是因为希腊品牌的脱乳清酸奶知名度较高，因此"希腊酸奶"就成为了脱乳清酸奶的代名词。

表 2.6　2 款希腊酸奶的产品信息

产品1		
产品类型	希腊风味酸奶	
规　格	200g*10/ 箱	
保质期	常温密闭条件下 6 个月	
贮存条件	未开启前无需冷藏，开启之后立即饮用	
配　料	生牛乳、黄桃燕麦果酱、白砂糖、乳清蛋白粉、食品添加剂（乙酰化二淀粉磷酸酯、果胶、琼脂、结冷胶）、保加利亚乳杆菌、嗜热链球菌	

营养成分表		
项目	每 100g	NRV%
能量	414kJ	5%
蛋白质	3.1g	5%
脂肪	3.1g	5%
碳水化合物	14.5g	5%
钠	65mg	3%
钙	85mg	11%

（续表）

产品 2		
产品名称	原产国	规格
希腊风味酸乳（含蜂蜜）	澳大利亚	130g
配料	产品类型	贮存条件
生牛乳、乳固体、稀奶油、水、蜂蜜（3.4%）、白砂糖、羟丙基二淀粉磷酸酯、柠檬酸、柠檬酸钠、焦糖浆、嗜热链球菌、保加利亚乳杆菌	风味酸乳	冷藏 4℃以下

营养成分表		
项目	每 100g	NRV%
能量	379kJ	5%
蛋白质	4.6g	8%
脂肪	2.9g	5%
——饱和脂肪	1.9g	10%
碳水化合物	11.4g	4%
——糖	11.0g	4%
钠	50mg	3%
钙	174mg	22%

　　我国国家标准要求风味发酵乳/风味酸乳的蛋白质含量不低于2.3%、脂肪含量不低于2.5%，第1款希腊酸奶（产品1）的蛋白质和脂肪含量均高出国家最低标准，其中的碳水化合物含量也很高。

　　第2款希腊酸奶（产品2）和上一款相比，每100g里多含1.5g蛋白质，碳水化合物含量少3.1g（意味着含糖量更少），钙含量多1倍多，整体营养价值更高。

■ 炭烧酸奶并没有营养上的优势

最近两年，市场上出现了越来越多的炭烧酸奶。炭烧酸奶凭借其特别的颜色和独特的焦香风味颇受年轻人欢迎，价格也比普通酸奶贵一些。

其实，炭烧酸奶并没有使用新的生产工艺。炭烧酸奶是在酸奶发酵之前，在原料牛奶中加入一定量的糖，之后再经过95℃以上长时间的高温保温，在这个过程中发生了美拉德反应。

在食品工业中，美拉德反应是指食物中的蛋白质和糖在高温下发生的一种非酶褐变反应。美拉德反应会让牛奶呈现独特的褐色并产生香味，"炭烧"也由此得名。简单地说，其实这和我们在家里煮牛奶将锅底烧焦是一个道理。目前乳企常用的美拉德反应温度一般为95℃/1.5小时，这也是目前美拉德反应最稳定的温度、时间比。

在以前的酸奶加工中，美拉德反应常被认为是事故，但是现在摇身一变就成了新型褐色酸奶了，可见商家的小心思是无穷的。和普通酸奶相比，这种发生了美拉德反应的酸奶在营养上并没有什么优势。

表2.7 某品牌炭烧酸奶和普通酸奶的产品信息

炭烧酸奶产品信息	
产 品 类 型	风味发酵乳
配　　　料	生牛乳、食用葡萄糖、白砂糖、稀奶油、浓缩乳蛋白粉、果胶、琼脂、乳双歧杆菌 V9、保加利亚乳杆菌、嗜热链球菌
贮 存 条 件	2 ~ 6℃冷藏保存
保 质 期	21 天
生 产 日 期	见包装喷码
乳双歧杆菌	$\geqslant 1 \times 10^6$CFU/g

炭烧酸奶营养成分表		
项目	每100g	NRV%
能量	420kJ	5%
蛋白质	2.8g	5%
脂肪	3.5g	6%
碳水化合物	14.3g	5%
钠	60mg	3%
钙	90mg	11%

普通酸奶营养成分表		
项目	每100g	NRV%
能量	383kJ	5%
蛋白质	2.9g	5%
脂肪	3.1g	5%
碳水化合物	12.9g	4%
钠	60mg	3%
钙	94mg	12%

从表2.7可以看出，炭烧酸奶和普通酸奶主要营养成分含量并无明显不同，炭烧酸奶的碳水化合物含量更高一点儿。

■ 市售老酸奶并不是传统老酸奶

很多消费者偏爱老酸奶，觉得老酸奶特别浓稠，营养价值也高。然而，现在的老酸奶和传统的老酸奶还是有区别的。

传统的老酸奶就是凝固型酸奶，将牛奶、糖、发酵剂放入瓷瓶中发酵成固态的酸奶。自己制作过酸奶的朋友都知道，这种凝冻非常脆弱，摇晃、震荡就可以让它重新变成液态，放置时间长了还会出现乳清析出等不良状态。也就是说，传统的老酸奶经过长途运输，是不能保持较好状态的。为了解决这个问题，研发者在酸奶中加入了增稠剂，如卡拉胶、明胶、果胶等，让酸奶能够长期保持凝冻状。目前，市售老酸奶的凝冻状大部分都要归功于这些增稠剂。

了解了这个过程就不难发现，老酸奶其实并没有什么营养优势，大家买一瓶老酸奶，和普通酸奶比较一下营养成分表和配料表就能明白啦。

表 2.8　某品牌老酸奶和普通酸奶的产品信息

老酸奶的产品信息	
商品名称	老酸奶
产品类型	风味酸乳
配　　料	生牛乳、白砂糖、明胶、单甘油脂肪酸酯、双甘油脂肪酸酯、果胶、琼脂、嗜热链球菌、保加利亚乳杆菌
贮存条件	请于 2~6℃冷藏存入，开启后立即饮用

老酸奶的营养成分表		
项目	每 100g	NRV%
能量	334kJ	4%
蛋白质	2.9g	5%
脂肪	3.1g	5%
碳水化合物	10.0g	3%
钠	60mg	3%

普通酸奶的产品信息	
产品类型	风味发酵乳
产品标准号	GB 19302
配　　料	生牛乳、白砂糖、鼠李糖乳杆菌 LGG、保加利亚乳杆菌、嗜热链球菌
贮存条件	2 ~ 6℃冷藏保存
保质期	21 天

普通酸奶的营养成分表		
项目	每100g	NRV%
能量	343kJ	4%
蛋白质	2.8g	5%
脂肪	3.2g	5%
碳水化合物	10.5g	4%
钠	36mg	2%
钙	90mg	11%

从表2.8可看出，老酸奶和普通酸奶的营养相差并不大。

读者提问

Q: 酸奶胀包还能喝吗？

A: 常压下发现酸奶胀包，通常意味着该酸奶极有可能脱离过冷链，一般不建议再喝。

Q: 超市促销员说有一款无添加酸奶比较好，真的是这样吗？这种酸奶可以给幼儿长期食用吗？

A: "无添加"这个词时常被厂商滥用，严重误导了消费者。合法使用食品添加剂其实并无不妥。幼儿日常食用的酸奶建议尽量购买那种没有额外添加白砂糖、代糖的产品，并不是因为添加剂问题，而是因为限制糖的摄入量有利于孩子的长远健康。应该尽量少摄入游离糖，更不要让孩子从小就养成嗜甜的饮食习惯。

Q: 为什么有的酸奶会加明胶？

A: 明胶可以保证酸奶的持久性与感官品质。对成人来说，这种酸奶无论是吃起来还是看起来，都会比未添加明胶的酸奶更好。

Q: 超市酸奶导购说，一些酸奶浓稠，是因为其中加了很多淀粉，这是真的吗？怎么判断酸奶中是否添加了淀粉呢？

A: 有些搅拌型酸奶会为了感官品质和看起来黏稠而添加淀粉。淀粉原料的成本比明胶类原料要低，但这并不代表大家都会这么做。判断酸奶中是否添加淀粉的办法就是观察配料表，配料表里没有"淀粉"，就说明没有添加。

酸奶，稠的好还是稀的好？

作者：北京食品营养与人类健康高精尖创新中心岗位科学家　范志红

买酸奶的时候，总会发现有些酸奶特别浓稠，有些则相对稀一些。消费者对酸奶也有两种态度，一种认为越浓稠越好，浓稠代表其中的蛋白质多，物有所值；另一些人则认为稀点儿好，觉得浓稠的酸奶肯定是加了增稠剂了。

酸奶到底是稀的好还是稠的好呢？要说清这个问题真是够复杂的。大家首先要区分两种情况。

第一种是自己在家做酸奶的情况。在家做酸奶时，发酵到什么程度为止呢？发酵到牛奶凝成冻的程度就可以了。这时候，看牛奶凝固的时间是长还是短，凝冻是浓还是稀，就是鉴别牛奶品质的试金石啦。

在两个瓶子里分别放入半斤不同来源的牛奶，分别加一份相同的菌种（或1勺买来的较新的酸奶），放在40～42℃的酸奶机里保温。然后会发生什么呢？哪个瓶子里的牛奶先变成固态的冻状，也就是说凝乳比较快，就说明乳酸菌在哪里长得快。乳酸菌长得快，说明牛奶里面营养足、抗生素少。这是因为，乳酸菌非常害怕抗生素，只要牛奶里面有较多残留，乳酸菌长得就慢。能够凝乳也证明奶里面的蛋白质含量能达标。如果奶里加了很多三聚氰胺来凑数，无论加多少菌种，奶都没法凝固成酸奶的样子——因为只有大分子蛋白质才能形成凝固的冻，用三聚氰胺和尿素掺假，或者加了太多水的牛奶都做不成酸奶。

把刚刚凝固好的酸奶拿出来比较一下，看看哪个凝冻比较结实、口感比较稠厚。一般来说，在没有搅动的情况下，奶里面的蛋白质含量越高，产生的凝冻越浓厚；蛋白质太少，冻会比较脆弱。另外，通过凝冻的状态，还能看出来牛奶原料里的细菌是不是太多。如果原料奶里面的微生物超标，细菌分泌的蛋白酶就会把一小部分牛奶蛋白质水解掉，让蛋白质的分子变小。可是，形成凝冻的条件是蛋白质的分子量足够大。分子越大越完整，形成的冻就越牢固，看起来也就比较浓稠。所以说，如果一种牛奶做成酸奶凝冻之后，质地特别稠，那一定是它的蛋白质含量令人满意，而且原料新鲜，细菌污染很少。

总之，在用牛奶自制酸奶时，如果凝冻速度快，凝冻又浓稠牢固，就说明原料奶肯定是用安全性高、营养价值好的优质牛奶。大家不妨用这个方法检验一下各种牛奶产品。

这里还要提醒一下。比浓稠度，要在刚凝冻的时候。如果凝冻之后还继续保温发酵，时间长了，酸度过高，蛋白质凝冻就会收缩，析出黄色的水——乳清。这并不代表牛奶质量不好，也不代表菌种有问题，只是说明发酵时间过长了。

说到这里，很多朋友会问：你的意思是说，让我们买那些很稠的酸奶吗？这就不一定了。因为这属于第二种情况：在工厂里做市售酸奶。

工厂里做酸奶，自然比自己在家做酸奶更有技术含量，完全可以添加各种增稠剂来使酸奶看起来黏稠。因此，市售酸奶是否黏稠，不能直接用来判断所使用的牛奶质量好不好。

市售酸奶有两类产品：凝固型和搅拌型。

所谓凝固型，就是先把酸奶和菌种加入容器当中，凝固之后原样出售，通常用于家庭制作或者小规模制作，北京居民喝的传统瓷瓶装酸奶就是这一类。不过，毕竟酸奶的凝冻是很娇气的，凝冻之后不能剧烈搅动和晃动，否则凝冻就会破损，甚至会因为强烈的搅动而变稀。

这么一来，凝固型酸奶在运输过程中就比较麻烦，一旦凝冻破碎，卖相就不好，也不便于在酸奶中加入其他配料。"老

酸奶"之类产品能在超市出售，却不会出现凝冻破碎情况，是因为加入了复合型的增稠剂，让凝冻变得强韧一些，才解决了运输问题。

大规模制作的酸奶大部分是搅拌型酸奶，也就是把酸奶的凝冻搅碎，让它变成一种半流动的状态，然后再加果汁、水果、粮谷等各种配料。这样就可以先在大罐里面发酵，然后分装到小杯里。只要加点增稠剂，运输的时候就不怕摇晃和倾倒了。

这类产品不仅经过搅拌，添加了其他配料，还添加了增稠剂，就没法根据浓稠度来判断原料的质量了。

不过，有一点可以肯定：能做出酸奶的牛奶，质量都不算太差。质量太差的奶，根本别想做出合格的酸奶。至于它的"干货"含量高低，其实直接看产品包装上的营养成分表就可以了。

营养成分表上，标注了每100g酸奶中蛋白质、脂肪和碳水化合物的含量。一般来说，在其他配料固定的前提下，蛋白质、脂肪和碳水化合物的含量越高，产品的浓稠度就越高。

对纯酸奶来说，蛋白质含量应当不低于2.9%。有些产品高于这个水平，比如说达到3.2%，那么就会更稠一些。

全脂产品的脂肪含量通常在接近3%的水平。如果两个产品配料类似，但一个产品的脂肪含量达到3.8%，那么肯定会比另一个脂肪含量2.9%的产品更稠一些，而且质地滑润，奶香浓郁。这是因为，奶油可以提供美好的口感和香气。

碳水化合物也不可忽视。如果其他配料相同，蛋白质和脂肪含量也相同，那么糖加得越多，就会更加粘稠。就好比葡萄越甜，糖分越多，它的汁也会越粘稠。

所以呢，每个产品的成分不一样，没法简单按照浓稠度来判定。

有些产品蛋白质多，糖多，但脂肪少；有的产品蛋白质、脂肪多，但糖少。有的产品增稠剂多加得多，有的产品加得少，您说哪个产品会更粘稠呢？真说不清了。

还有很多朋友问：那怎么知道酸奶里是否加了增稠剂呢？生产商在配料表里都写得清清楚楚，明胶、改性淀粉、改性纤维素、果胶、卡拉胶等都是增稠剂。食品里合法使用的增稠剂都是无毒无害的，比如最早使用的明胶就是肉皮冻里那种能成冻的蛋白质。

说来说去，酸奶是稀的好还是稠的好，并没有一个绝对的结论。买浓的还是买稀的，您可以根据食品标签上的数据，以及自己的口感喜好，来综合判断。

那些流传甚广的酸奶健康谣言

■ 谣言1：酸奶不能空腹喝

作者：北京食品营养与人类健康高精尖创新中心岗位科学家　范志红

有一位朋友问我："一直听说空腹喝酸奶不好，空腹喝酸奶，究竟有什么害处呢？"

这个问题可不止一个人问过，就像牛奶能否空腹喝一样，困惑着许许多多的人。不过，理不辩不明，凡事要动脑子去分析，要去寻找理论和研究的证据。

在网上查找一番之后，发现不能喝酸奶的理由一共有3个：

1. 酸奶中含有大量乳酸菌，空腹饮用，乳酸菌在酸度较高的胃里容易大量死亡，丧失部分保健作用。进食后，胃酸度下降，可以更好地让乳酸菌发挥作用。

2. 酸奶的酸度太高，会刺激胃部，引起不适。

3. 与牛奶不能空腹喝的理由一样，空腹喝酸奶会把蛋白质当作能量白白消耗掉。

这些理由其实都站不住脚。如果酸奶不是很酸，那么完全可以在早餐时喝。只有胃溃疡和胃酸过多的人，才应当避免空腹吃酸味食品。如果是消化不良、胃酸过低的人，吃饭的时候喝酸奶，反而有促进消化的作用。

酸奶，并没有大家想象得那么酸。酸奶的制作利用了牛奶中酪蛋白遇酸沉淀的特性。酪蛋白的脾气是，一旦pH降到了4.6，就变成凝块状了。我们烹调用的醋，pH通常在3左右，而胃酸的pH在1.5以下。所以说，酸奶的酸，比起胃酸的酸，只能说是小巫见大巫了。

我国消费者普遍喜甜厌酸，所以市面上的新鲜酸奶的酸度都不算太高。只有经过久放，酸度不断上升，才会有很酸的感觉。而且很多人都知道，喝酒的人可以先喝点酸奶，利用它来保护胃黏膜，减少酒精对胃的伤害。可见，酸奶本身是护胃的食品。如果没有胃酸过多和胃溃疡的问题，空腹喝酸奶伤胃的说法基本站不住脚。

再来说说乳酸菌死亡的问题。的确，空腹时胃酸浓度较高，乳酸菌容易在强酸环境中死亡，影响其保健价值。但是，保健价值哪怕没有了，酸奶的营养价值还在啊！即便没有了乳酸菌，酸奶的整体营养作用，仍然要优于牛奶。许多可靠的文献都可以证明这一点。

其实，我们买的普通酸奶（由保加利亚乳杆菌和嗜热链球菌发酵而成）中的乳酸菌本身就不能在肠道中定植，它是一过性的保健菌。只有嗜酸乳杆菌、双歧杆菌等某些特定保健菌种才有希望定植。从活乳酸菌的菌数来说，市售酸奶的数值也太低，按国家标准要求，仅有10^6。这个菌数是没办法"抱团"冲过长长的消化道，进入大肠定植的。即便是特定的保健菌种，怎么也得需要10^8，甚至更高的活菌数，才有希望活着进入大肠。

所以，喝普通酸奶时，只要胃没有不舒服的感觉，不必太担忧进食时间的问题。除非在喝专门用来补益生菌的10亿以上活乳酸菌饮料/酸奶时，才需要考虑饭后一段时间来服用。

至于"空腹喝酸奶会造成蛋白质浪费"的观点，就更不靠谱了。其实，酸奶的营养成分非常适合代餐食用。说蛋白质会浪费的，只是在不了解酸奶成分的情况下做的一种推测，在科学上站不住脚。为什么呢？看看计算数据就知道了。

看看包装上的营养成分表。比如说，一款100g装的风味酸奶中，蛋白质平均含量是2.5%，脂肪2.5%，碳水化合物12%（包括牛奶自带的乳糖，以及添加的白糖或蜂蜜），它的总能量大约为80.5千卡。其中来自蛋白质的能量有多少呢？只有12.4%。而来自碳水化合物的能量高达59.6%，其余28.0%的能量来自于脂肪。

也就是说，酸奶的三大营养素来源比非常合理，正好在营养学会推荐的理想范围（碳水化合物50%～65%，脂肪20%～30%，蛋白质10%～15%）内。既然碳水化合物如此丰富又容易消化，又怎么会浪费蛋白质呢？

换句话说，如果因为工作太忙来不及吃饭，不妨事先买瓶酸奶备着，一边工作一边喝，比用饼干、巧克力来对付一餐要合理多了！

Q： 酸奶这么有营养，喝的时候有什么要注意的吗？

A： 酸奶从冰箱里拿出来比较凉，肠胃怕冷的朋友请在室温下放半小时再喝。空腹喝冷奶促进排便，便秘者适合，腹泻者则不适合。如果对酸奶不耐受，饮后感觉不适，也不要喝。好东西也可能会让人过敏或不耐受。

■ 谣言2：保质期长的酸奶加了防腐剂

近两年，一些海淘的常温酸奶似乎很火，低温酸奶的保质期只有21天，而室温保存的常温酸奶保质期可以达到半年以上。此外，还有酸奶声称自己无添加、不含防腐剂等，所以一些消费者会质疑：这种常温酸奶里是不是添加了防腐剂？适合给小宝宝吃吗？

"××酸奶没加防腐剂"这句话100%正确，但是正确不代表合理，因为这句话暗示消费者其他牌子的酸奶可能有防腐剂。然而市面上无论是低温酸奶还是常温酸奶，都没有添加防腐剂。这种看似正确的宣称其实是虚假宣传。

我们都知道，冷藏酸奶里有活性乳酸菌，而防腐剂具有很强的抑菌作用，所以为了保留乳酸菌，冷藏酸奶中也不可能添加防腐剂。乳酸菌在发酵的过程中会产生乳酸等有机酸，酸性条件有抑制杂菌的作用。此外乳酸菌还会产生类似细菌素的细小蛋白质或肽，也能抑制杂菌，且无毒无害。所以，根本无须担心冷藏酸奶中会加防腐剂。

再来说说常温酸奶。高温灭菌再加上适当的包装，完全可以做到让常温酸奶在半年甚至更长时间内不变质，因此也不需要在产品中添加防腐剂。

可能有朋友又有疑问：这样灭菌之后，酸奶里还有活的益生菌吗？答案当然是没有啦。虽然没有活的益生菌，但常温酸奶依然保留了酸奶中的蛋白质、钙等营养物质，对于宝宝、乳糖不耐受者、老人或肠胃功能较弱等人群是不错的选择。

说到这儿，家长需要当心的是，有些常温酸奶其实并不是酸奶，是用水、糖、果泥、奶粉等原料混合而成的，仔细看看包装上的产品类型，写的根本就不是"酸奶"，只是一种甜点。这种产品的口感非常好，不管哪个年龄段的宝宝都很爱吃。不过考虑到里面含有的糖分略高，我个人建议不要给1岁以内的小宝宝吃太多。对于大一些的幼儿或者儿童，接触的食物都很多了，吃一点儿也无妨，总比垃圾零食好。

读者提问

❓：听说酸奶在常温下存放其中的营养就流失了，是真的吗？

A：酸奶在常温条件下存放，营养不会流失。冷藏酸奶常温放置会导致乳酸菌失活，但是营养不会流失，而且酸奶的营养价值高于牛奶。

自制酸奶的常见问题

■ 如何自制酸奶？

酸奶的生产工艺相对简单，在家里也能做出美味可口又卫生的酸奶。下面和大家分享一种酸奶的自制方法。

材料：

1升牛奶（常温奶或者巴氏奶都可以，甚至用奶粉和水也可以）、半杯超市购买的原味酸奶、少量奶粉（可选）。

工具：

一口小锅，一个大碗，几个玻璃杯，汤匙，温度计。

步骤：

1.准备原料奶。1升牛奶加2汤匙奶粉（可选），混合均匀，小火加热到42℃。

2.接种。把半杯酸奶加入42℃左右的牛奶中（温度要控制在45℃以下）。

3.发酵。在40～45℃的环境下发酵3小时。如果容器没有盖

子，可以用保鲜膜，或者铝箔盖住。

4.冷藏。发酵结束后需要立即降温，防止酸奶因发酵时间过长而太酸。个人经验是用"冷水浴"甚至"冰水浴"初步降温后，再放到冰箱冷藏室中储存。做好的酸奶可以在冷藏状态下保存2~3周。

几点小提示：

1.牛奶含的脂肪越高，做出来的酸奶口感越好。因此，如果不是特别在意牛奶里那几克脂肪，推荐用全脂牛奶做酸奶。

2.在超市买菌种（原味酸奶）的时候，尽量选新生产的酸奶，保证里面的活菌数量多一些。

3.想做风味酸奶，可以在准备原料奶的阶段加入各种果味粉，也可以在吃的时候加入果肉。

4.如果做出来的酸奶太酸，可能是发酵时间过长（也可能是发酵完毕冷却速度过慢），或者发酵温度过高（因为较高的温度更有利于产酸能力强的保加利亚乳杆菌的生长）。可以试试适当缩短发酵时间，或者降低发酵温度。

5.如果在食用酸奶时发现有少量淡黄色的液体析出，不要担心，那是乳清。乳清含有优质的乳清蛋白，不要把它倒掉，可以一起吃下去。

■ **自制酸奶一定要用酸奶机吗？**

使用酸奶机自制酸奶的好处就是操作简便，酸奶机会自动帮你控制好发酵的温度和时间，就跟用电饭煲蒸米饭一样方便。当然，没有酸奶机也一样可以做酸奶。自制酸奶成功的关键无非是菌种和发酵，酸奶机起的主要作用是发酵。而发酵最关键的两个因素就是温度和时间。如果家里有能自动控温的厨房电器，就可以用来做酸奶。实在不行，还可以用温度计监控水浴锅的温度来控制发酵过程。可见自制酸奶实际上并不难，只要能控制好温度和时间，并非一定要使用酸奶机。

■ 如何选择酸奶菌粉？

按照酸奶的严格定义，发酵使用的两种菌种分别是保加利亚乳杆菌和嗜热链球菌。制作普通酸奶，选择市售的含有这两种菌种的菌粉即可。等你有了一定的自制酸奶经验后，也可以选择加入一些其他的益生菌。由于不同益生菌的发酵效果不一样，可能会在一定程度上改变酸奶的口感。

■ 做种，用菌粉还是市售酸奶？

如果是偶尔才做一次酸奶，选择市售的新鲜的酸奶作为菌种即可，没必要专门买菌粉。如果经常自制酸奶，还是推荐使用菌粉。市售酸奶中的乳酸菌处于活动状态，其含量会因品牌而不同，因储存和运输环境不同而发生波动，普通消费者无法确定用来做种的市售酸奶中的乳酸菌含量，因而较难控制发酵过程。而菌粉中的乳酸菌更稳定一些，保存得当的话，其含量不会有太大变化，因此更容易控制。

■ 用市售酸奶做种，加多少合适？

一般来说，作为菌种的市售酸奶加入量在10%左右比较合适。例如，发酵500g牛奶，用50g市售酸奶就可以了。这样的量，是为了让乳酸菌一开始就建立绝对的数量优势，能有足够的能力压制各种杂菌，即便是经验不足的人，也能保证酸奶制作成功。在工业生产中，因为操作比较规范，菌的活力比较强，菌种使用量一般占待发酵牛奶的1%～2%。

用酸奶自制美味的儿童零食

■ 酸奶刨冰

炎炎夏日，孩子老想吃雪糕，可家长又觉得吃多了不健康，怎么办？推荐给您一款夏日健康冷饮：酸奶刨冰。

用料：

酸奶2盒，喜欢的水果适量。

做法：

1.将冰格填满酸奶，放入冰箱冷冻1小时以上。

2.将准备好的水果等食材放入搅拌杯，再加入冷冻好的酸奶。

3.转动开关，一碗美味的刨冰就做好了。在上面可以加上喜欢的水果、麦片、豆沙等。快过期的酸奶吃不完也可以先冷冻起来，留着以后做刨冰。

注意：

很多家长都会问："冷冻会影响酸奶中的营养吗？"冷冻过程不会影响酸奶中的营养物质，也不会影响其中的乳酸菌数量，而且冷冻后的酸奶保质期更长一些。不过，冷冻会对酸奶的质地和口感造成影响。由于家用冰箱的冷冻速度很慢，冷冻后的酸奶中会有较大的冰晶，不会形成类似冰激凌的口感，还会有一定的分层情况：顶上的冰晶较多，底下的冰晶较少。冷冻后再解冻，已经造成的分层可能难以恢复原样，也会影响口感。

■ 酸奶水果沙拉

用料：

酸奶，猕猴桃，火龙果，苹果，香蕉。

做法：

1.原料准备齐全，猕猴桃、苹果、香蕉、火龙果都切大块儿。

2.倒入酸奶，搅拌均匀即可。

◆ 我们所说的酸奶，包括发酵乳和风味发酵乳两大类。发酵乳只含奶和发酵剂，其中发酵剂仅为保加利亚乳杆菌和嗜热链球菌的发酵乳叫酸乳。除了奶和发酵剂，还添加了其他成分，且奶含量在80％以上的产品叫风味发酵乳，其中发酵剂仅为保加利亚乳杆菌和嗜热链球菌的叫风味酸乳。

◆ 发酵乳和酸乳的蛋白质含量不低于2.9％，脂肪含量不低于3.1％；风味发酵乳和风味酸乳的蛋白质含量不低于2.3％，脂肪含量不低于2.5％。

◆ 无论是冷藏酸奶，还是常温酸奶，都没有添加防腐剂。和冷藏酸奶相比，常温酸奶发酵后经过了巴氏杀菌，其中不含活性乳酸菌，因而可以在常温下长期保存。冷藏酸奶和常温酸奶在营养上是差不多的。如果有冷藏条件，建议买冷藏酸奶，冷藏酸奶不仅含有活性乳酸菌还经济实惠；如果没有冷藏条件，推荐买常温酸奶。

◆ 宝宝7月龄开始添加辅食时，就可以给宝宝少量尝试酸奶了，不过建议选择没有额外添加碳水化合物的酸奶（产品类型为"发酵乳"或者"酸乳"，配料表中没有额外添加糖）。1岁后再正常摄入。

第三章

乳饮料&乳酸菌饮料，既不是牛奶也不是酸奶

　　首先要明确：乳饮料和乳酸菌饮料，并不是"牛奶&酸奶家族"里的成员，它们的本质是饮料。可是在实际选购时，很多乳饮料的外表看起来和牛奶很相像。这一章就教你如何识别乳饮料和乳酸菌饮料。

乳饮料，值得购买吗？

乳饮料的味道酸酸甜甜，小朋友们非常爱喝。因为带一个"乳"字，很多家长会以为这也是一种乳制品，非常有营养。可实际上，绝大多数的含乳饮料的营养价值并不高，通常其中的牛奶含量很低，只是普通牛奶的1/4~1/3。确切地说，乳饮料不属于牛奶而属于饮料。

我国国家标准（GB/T 21732—2008含乳饮料）规定，配制型含乳饮料和发酵型含乳饮料的蛋白质含量不得低于1%，乳酸菌饮料的蛋白质含量不得低于0.7%。而巴氏奶和灭菌奶的蛋白质含量要求在2.9%以上，调制乳的蛋白质含量在2.3%以上。当然，乳饮料的营养虽然没有牛奶高，但是和一般的碳酸饮料、果汁饮料相比，也没有更差。

很多朋友会有疑问：如果说乳饮料营养较差，那为什么有些乳饮料喝起来口感和牛奶一样浓厚？那是因为其中添加了增稠剂。乳饮料中有不少食品添加剂（见表3.1），比如增稠剂、甜味剂、防腐剂、低聚糖、香精等，不过这些都是国家允许使用的添加剂，在规定用量范围内对成年人没有明显危害，按照法规规定的限量和范围使用可以认为是安全的。

含乳饮料最主要的问题是通常含有较多的糖，摄入过多的糖分不利于孩子身体健康，也不利于孩子养成清淡的饮食习惯。此外，乳饮料具有一定的饱腹感，饮用过多会影响正餐时的食欲。因此，家长最好不要经常给孩子喝含乳饮料，而且绝对不能用乳饮料代替日常饮用的牛奶和酸奶。如果实在忍不住想喝，建议选择额外添加有益成分的乳饮料（如添加益生菌、益生元，强化了维生素和矿物质），或者低糖的乳饮料（碳水化合物含量低于5%）。

表 3.1　某配制型含乳饮料配料表

配料	水、鲜牛奶、白砂糖、全脂奶粉、低聚异麦芽糖、食品添加剂 [羧甲基纤维素钠、柠檬酸、乳酸、柠檬酸钠、阿斯巴甜（含苯丙氨酸）、安赛蜜]、食用香精（酸奶香精）

益生菌、益生元都是什么?

　　益生菌是对人体健康有益的细菌或真菌，如双歧杆菌、乳酸杆菌、酪酸梭菌、嗜酸乳杆菌、酵母菌等。益生元是一种人造低聚糖（模仿母乳中的低聚糖），可作为双歧杆菌、乳酸杆菌等益生菌的代谢底物，促进益生菌的定殖和生长，有利于婴儿快速建立正常的肠道微生态环境。正常肠道微生态环境的建立是预防过敏性疾病发生的重要保障，还有利于维生素，特别是维生素K的合成。

　　益生菌与益生元都会影响肠道菌群的平衡，但影响的方式不同。补充益生菌的思路是直接吃进活的细菌，类似于空投一些好细菌来抑制坏细菌。而补充益生元的思路则是，通过提供有益细菌喜欢的食物来扶持它们，从而压制有害细菌。

3个小方法，识别乳饮料

通过之前的介绍相信大家已经知道了，乳饮料中最主要的成分是水，奶仅占一小部分。但是很多乳饮料外表看起来和调制乳很相像，那么如何快速识别乳饮料呢？下面和大家分享3个小方法。

方法1：关注产品标签上的"产品类型"项。我国国家标准（GB 7718—2011《预包装食品标签通则》）规定，生产商应该在食品标签的醒目位置，清晰地标示反映食品真实属性的专用名称。如果一款产品包装上"产品类型"为××饮料、××饮品，就说明这个产品是乳饮料。

方法2：关注产品标签上的配料表。配料表中的原料是根据含量从高到低排列的。乳饮料中含量最高的是水，所以水一般排在第一位（见表3.2）。调制乳虽然品种各异，但其配料表中排第一的通常是牛奶（见表3.3）。

表 3.2　某含乳饮料的产品标签

产品规格	200ml
产品类型	含乳饮料
主要配料	水、白砂糖、全脂乳粉、食品添加剂、浓缩乳清蛋白粉、碳酸钙、食用香精、维生素 A、维生素 D
贮存条件	存放于阴凉处，避免阳光直射

表 3.3　某调制乳配料表

配料	生牛乳、水、白砂糖、食品添加剂（黄原胶、微晶纤维素、海藻酸钠、单硬脂酸甘油脂肪酸酯、羧甲基纤维素钠、乳酸亚铁、葡萄糖酸锌、食用香精）

　　方法3：关注产品标签上的营养成分表。调制乳中的奶含量在80%以上，其中蛋白质含量也是相当可观的。GB 25191—2010《食品安全国家标准调制乳》中要求调制乳蛋白质含量不低于2.3g/100g，而含乳饮料的蛋白质含量仅仅是不低于1%（每100g不低于1g）。表3.4和表3.5分别是某含乳饮料的营养成分表和某调制乳的营养成分表，大家可以比较一下。

表 3.4　某含乳饮料营养成分表

项目	每100ml	NRV%
能量	190kJ	2%
蛋白质	1.0g	2%
脂肪	0.9g	2%
碳水化合物	6.5g	2%
钠	100mg	5%

表 3.5 某调制乳营养成分表

项目	每100ml	NRV%
能量	305kJ	4%
蛋白质	2.4g	4%
脂肪	3.0g	5%
碳水化合物	9.0g	3%
钠	58mg	3%

乳酸菌饮料真的有保健功能吗？

作者：食品与营养信息交流中心科学技术部主任　阮光锋

最近几年，益生菌饮料越来越多，尤其以各种乳酸菌饮料最为流行。因为有了益生菌，这些产品的宣传中往往会暗示有促进消化、改善免疫、通便、美容等功效。

益生菌并不是只有一种或者几种，它是一类对人体健康有好处的细菌的总称。目前，人们发现的益生菌有几十种，包括乳双歧杆菌、嗜酸乳杆菌、婴儿双歧杆菌、干酪乳杆菌、植物乳杆菌、嗜热链球菌、保加利亚乳杆菌、乳酸乳球菌、鼠李糖乳杆菌等。现在益生菌饮料中加入的大多是乳酸菌，所以又叫乳酸菌饮料。我国国家标准规定，乳酸菌饮料是以鲜乳或乳制品为原料，经发酵制得的乳液中加入水、糖液等调制而成的。根据其是否经过杀菌处理，又分为杀菌（非活菌）型和未杀菌（活菌）型。

现行《乳酸菌饮料卫生标准》还规定，乳酸菌饮料在出厂时活性乳酸菌需要达到每毫升100万个。这类饮料中所含益生菌的种类和数量通常不错，很多产品每100ml中益生菌的数量能达到10^{10}个，是酸奶中益生菌数量的上百倍。于是，乳酸菌就成了它的一大卖点。可是乳酸菌饮料真的有保健作用吗？

企业在做产品宣传时常常声称益生菌有多种多样的好处，但事实上，要想获得益生菌的益处，需要满足3个条件。

一是需要特定菌种，即必须是对健康有益的菌种。二是要保证有足够的数量，肠道中有上百万亿的细菌，如果摄入的菌数不够是产生不了影响的。一次摄入不超过1亿个活菌，不连续服用，一般很难有什么健康作用。三是，还得保证产品有足够量的活菌能到达肠道。

在过去的几十年，科学家进行了几千项研究，在促进消化、改善腹泻、增强免疫、减轻过敏、预防癌症、改善女性健康等方面，都有许多研究结果发表，但遗憾的是，益生菌产品对人体的健康功效大都没有足够的证据。

为何会这样呢？

首先，益生菌的功能必须满足特定菌种、足够数量、活菌等条件才能实现，但实际情况却是，益生菌饮料中的有益菌很难通过胃液进入我们的肠道发挥作用。即使通过胃液的考验，最后进入肠道的数量也非常少。

伦敦大学曾经对市场上常见的益生菌产品进行测试，调查那些产品是否和声称的一样含有那么多的微生物，这些细菌是否能通过胃部的酸性环境，是否能够到达肠道。结果是只有一种产品中的益生菌能在胃酸环境中生存并且到达肠道，但细菌的数量却低于其宣传的数量。所以，目前的益生菌产品可能对健康并没有很好的促进作用。

其次，益生菌更多只是一种辅助作用，不能直接发挥治疗作用，益生菌的研究是为了配合药物治疗，而不是取代药物。2005年，美国微生物学会召开了一个益生菌研讨会，会议总结明确指出，迄今为止，绝大多数益生菌在人体中的使用对于疾病处理而言都是预防性和支持性的，并不是治疗性的。

肚子疼、便秘，靠喝益生菌饮料还是很难起到立竿见影的治疗效果的，因此益生菌并不具有药物的强效作用。

鉴于目前的情况，英国国家医疗服务系统（NHS）经过分析认为，益生菌的健康功效中证据比较充分的是益生菌可能对抗生素性肠胃炎有益，但绝大多数产品宣称的保健效果均没有足够的证据，如增强免疫力，美容，对付应激性结肠综合征、腹泻、疝气等。欧洲食品安全局（EFSA）评估后也认为没有足够的证据能证明益生菌有增强免疫力、改善肠道功能等作用。

前文也提到了，乳酸菌饮料的含糖量高，营养价值偏低。因此，综合来看，消费者不要过于迷信乳酸菌饮料的保健功效。

尽管有些研究也发现，死的菌体及其代谢产物也具有与活菌类似的生理功能，但至少从目前的证据来看，还是要尽量保证足够量的活菌到达肠道，这样健康效益才会更大。所以，如果要买乳酸菌饮料，最好选择未杀菌型的。未杀菌型乳饮料需要在冷藏条件下保存。

🌐：孩子很喜欢喝AD钙奶，听人说AD钙奶可以补钙，真的值得
买吗？

Ⓐ：AD钙奶本质上是乳饮料。一瓶AD钙奶只含有120mg左右的
钙，牛奶、酸奶中的钙与这个量差不多。此外，AD钙奶含
有近10g游离糖，蛋白质的含量也非常低，作为一款儿童
饮料实在不太健康，还是推荐喝牛奶和酸奶。不过与更
没有营养的碳酸饮料、果汁饮料相比，偶尔喝AD钙奶还
是可以的。

🌐：为什么冷柜里的那种乳酸菌饮料不会像酸奶一样成为凝固
状态？

Ⓐ：乳酸菌饮料的成分和酸奶成分不同。酸奶之所以会凝固，
主要是靠其中的酪蛋白互相交联。一般酸奶的蛋白质含量
在2.9g/100ml以上，而大部分乳酸菌饮料中的蛋白质含量
还不到酸奶中蛋白质含量的一半，自然没办法成为凝固
状态。

🌐：乳酸菌饮料肯定比可乐含糖少吧？

Ⓐ：大家都知道可乐含糖多，每100ml可乐大概含有10g左右的
糖。乳酸菌饮料其实含糖更多（见表3.6）。

表 3.6　某乳酸菌饮料的营养成分表

项目	每 100ml	NRV%
能量	275kJ	3%
蛋白质	1.1g	2%
脂肪	0g	0%
碳水化合物	15.1g	5%
钠	22mg	1%

❖ 本 章 小 结 ❖

◆ 乳饮料是饮料，不是牛奶。乳饮料中的奶含量只是普通牛奶的
　 1/4~1/3，其中的蛋白质含量通常在1%左右，营养价值远远低
　 于牛奶和酸奶。

◆ 乳饮料营养价值不高，但是其中的糖含量却很高。乳饮料要少
　 喝，绝对不能代替日常饮用的牛奶和酸奶。

◆ 乳酸菌饮料的健康功效大都没有足够的证据，不要过于迷信乳
　 酸菌饮料的保健功能。

第四章

奶酪，将牛奶浓缩10倍的精华

制作奶酪的主要原料是牛奶，奶酪在一定程度上可以看作是牛奶的浓缩物。10kg牛奶才能加工出1kg全脂奶酪，因此，奶酪又被称为"奶黄金"。奶酪营养丰富，很适合儿童食用。虽然对于大多数消费者来说，奶酪还是一种不常食用的食品，但是也有很多朋友希望为自己的孩子选择一款合适的奶酪。这一章就让你了解奶酪，掌握选购奶酪的小方法。

奶酪，起源于"幸运的意外"

奶酪，英文是Cheese，有人叫它"芝士"或者"起司"，其实都是Cheese的音译。除此之外，干酪和乳酪说的也都是同一种东西。Cheese这个词起源于古印欧语的一个词根，意思是"发酵，变酸"；而奶酪的法语——fromage，则起源于拉丁语，有"用模子成型"的含义——这其实揭示了奶酪的本质，那就是让牛奶发酵变酸，然后放到模子里成型。

我们无法确切地知道奶酪起源于什么时候，什么地方。一般认为奶酪起源于中东地区。很多传统食品都是起源于"幸运的意外"，奶酪很可能也是这样。当时的人们常把动物的胃做成水袋来装水或者牛奶。某天，某个人惊讶地发现袋子里的牛奶变成了一坨半固体状的东西，还产生了一些半透明的液体。这位好奇心十足的人没有把这袋牛奶扔掉，而是鼓起勇气品尝了这块半固体状的东西，发现居然别有一番风味。自此之后，奶酪就慢慢走进了人们的生活。水袋里的牛奶之所以会凝固，是因为幼年牛羊的胃里有一种酶，能让牛奶凝固，我们称之为凝乳酶。现在的奶酪中也少不了凝乳酶的身影。

古希腊人认为是亚里士多德发明了奶酪，但实际上，奶酪早在亚里士多德之前很多年就已经出现了。最近，考古学家在波兰的一处遗址中发现了一些带孔的陶器，他们对上面的残留

物进行了分析，认为这就是当时人们用来制作奶酪的一种器具。这说明在公元前6000年之前，人类就开始制作奶酪了。在公元前2000年的古埃及的墓穴中，也发现了一些记录如何生产奶酪的壁画。19世纪30年代，在中国塔克拉玛干沙漠曾挖掘出一具公元前1600年的干尸，这具干尸的脖子附近散落着一些碎屑。目前认为这些碎屑就是一种奶酪，可能是作为死者轮回再世的食物。到了公元前800年，荷马史诗《奥德赛》中也描述了独眼巨人制作羊奶酪的情景。直到公元1世纪，古罗马克鲁麦拉的《论农业》一书，记载了用凝乳酶生产奶酪的工艺，这应该是关于奶酪工艺最早的文字记录。古罗马学者老普林尼在公元77年写的《博物志》则记录了当时被古罗马人喜爱的多种奶酪。

　　由于奶酪存在储存和运输的问题，一直都是平民百姓的食物。直到法国大革命前后，奶酪才开始进入上流社会。随着航海时代的来临，奶酪技术也慢慢从欧亚非洲传到了美洲大陆，以及大洋洲。从世界范围来看，大部分地方的奶酪都是用牛奶生产的，但是地中海沿岸、墨西哥，以及南美洲西海岸则多用羊奶生产，而印度则主要是用水牛奶生产的。

奶酪是怎么做出来的?

如大家所知，牛奶中接近88%的成分是水，剩下的部分主要包括蛋白质、脂肪、乳糖，以及一些矿物质。其中，乳糖和大部分矿物质溶于水中，形成一个稳定的溶液相。脂肪以小脂肪球的形式与水形成乳浊液，而蛋白质则分为了两部分：一部分溶于水中，被称为可溶性蛋白；另一部分则以小颗粒的状态悬浮在水中，形成胶体，我们把这种蛋白称为酪蛋白。

酪蛋白是哺乳动物的乳汁中特有的一类蛋白质，占牛奶蛋白质总量的80%以上。如果我们想做奶酪，就需要让牛奶中的酪蛋白凝集成一张网，从而网住牛奶中的其他成分。

第一种让酪蛋白凝集的方法是把牛奶的pH降低到酪蛋白的等电点附近，因静电斥力降低，酪蛋白就会聚集凝结成网状的凝胶。这种通过降低pH让酪蛋白凝集的方法被称为酸凝乳。

另外一种让酪蛋白凝集的方法是利用蛋白水解酶。这种酶就像一把推子，把满头亲水"秀发"的酪蛋白颗粒给剃成秃子。缺少了一头亲水的"秀发"，酪蛋白颗粒便会在疏水作用下互相聚集在一起，形成一张巨大的酪蛋白网，凝胶便形成了。这种凝乳方式被称为凝乳酶凝乳。

简单来说，生产奶酪就是利用上述两种凝乳方法，让牛奶变成奶酪，再把析出的液体过滤掉。凝乳后析出的液体，则被称为乳清。

奶酪，宝宝补钙的不二选择

制作奶酪的主要原料是牛奶，奶酪在一定程度上可以看作是牛奶的浓缩物，10kg牛奶才能加工出1kg全脂奶酪，因此，奶酪又被称为"奶黄金"。奶酪中几乎含有牛奶全部的营养成分，比如蛋白质、脂肪酸、维生素A、维生素D、钙、镁等。在奶酪加工过程中，微生物的代谢活动可以将大分子的营养物质降解成低分子的营养物质，从而更容易被人体消化吸收。多种风味化合物的生成也有利于提升奶酪的品质。

相对于80%以上都是水的牛奶，奶酪最大的优点就在于它的营养更集中，不需要摄入太多水就可以获取很多钙。婴幼儿和大龄儿童，身体发育需要比较多的钙。1～3岁的幼儿每天需要摄入600mg钙质，4～6岁的儿童每天需要摄入800mg钙质，7～10岁的儿童每天需要摄入1000mg钙质。可以说，给宝宝吃奶酪，能轻松获得其中丰富的钙质。

表 4.1　某奶酪的营养成分表

营养成分表		
项目	每100g	NRV%
能量	995kJ	12%
蛋白质	9.2g	15%
脂肪	15.3g	26%
碳水化合物	16.0g	5%
钠	482mg	24%
钙	530mg	66%

表 4.2　某纯牛奶的营养成分表

营养成分表		
项目	每 100ml	NRV%
能量	284kJ	3%
蛋白质	3.2g	5%
脂肪	4.0g	7%
碳水化合物	4.8g	2%
钠	62mg	3%
钙	100mg	13%

表4.1是某品牌奶酪的营养成分表，可知100g该奶酪的钙含量为530mg。表4.2是某品牌纯牛奶的营养成分表，可知100ml该牛奶的钙含量为100mg。

如何为宝宝选购奶酪？

虽然对于大多数消费者来说，奶酪还是一种不常食用的食品，但是也有很多朋友希望为自己的宝宝选择一款合适的奶酪。那么该如何挑选呢？

奶酪虽然含钙多，但是很多奶酪不可避免地要用到盐，因此钠含量也会比较高。世界卫生组织建议成年人每天摄入的钠应当低于2g，儿童则应根据成人的最高摄入量酌减。中国营养学会建议，1～3岁的幼儿，每天摄入的钠不超过650mg，再稍大一些的儿童不要超过900mg。对于青少年和成年人来说，吃奶酪的目的除了补钙，还有享受这一美食，所以是否好吃也是一项很重要的标准。然而对于低龄儿童来说，在补钙的同时应当注意避免摄入过多的盐分。因此，适合宝宝的奶酪，应该含钙高而含钠少。

为了更加直观地表示一款奶酪含钙和钠的情况，大家可以引入一个"钙钠比"的概念，也就是用含钙量除以含钠量。这个系数越大，说明我们在摄入等量的钠的同时摄入了更多的钙质。如果按照1～3岁幼儿的钙质建议摄入量700mg和钠的最大摄入量650mg推算，二者比值接近于1.1。因此，我们可以以此作为界限来选择。给幼儿吃的奶酪，其钙钠比最好是高于1.1。但是也不能生搬硬套，只看钙纳比这一个指标。

表 4.3　某再制奶酪的营养成分表

营养成分表		
项目	每 100g	NRV%
能量	1221kJ	15%
蛋白质	4.5g	8%
脂肪	21.2g	35%
碳水化合物	21.2g	7%
钠	207mg	10%
钙	251mg	31%

这款产品名为儿童奶酪，本质是再制奶酪。这款奶酪的钙钠比为1.21，虽然超过了1.11，但是看表4.3可发现，这款产品

的碳水化合物含量非常高，但是蛋白质含量却很低，因此并不适合孩子食用。

表 4.4　某硬质奶酪的营养成分表

营养成分表		
项目	每100g	NRV%
能量	1754kJ	21%
蛋白质	29.0g	48%
脂肪	33.8g	56%
碳水化合物	0.6g	0%
钠	170mg	9%
钙	1030mg	129%

表4.4的这款奶酪是一款进口硬质奶酪，通过表4.4计算可知钙钠比为6.06，碳水化合物含量极低，非常适合给宝宝吃。

一般来说，硬质奶酪钙高钠低，其他种类的奶酪也有不错的，偶尔吃吃或者拿来做辅食都挺好。至于再制奶酪，适合低龄儿童吃的并不多，建议大家在选购这类奶酪之前仔细看看营养成分表和配料表。

■ 奶酪的分类：天然奶酪和再制奶酪

奶酪可以分为两大类：天然奶酪和再制奶酪。根据所用的凝乳方法和工艺的不同，把天然奶酪又分为三大类：新鲜奶酪、软质奶酪和硬质奶酪。而用天然奶酪为原料，再添加其他成分重新制作出来的奶酪就是再制奶酪。

新鲜奶酪：无须成熟的半固体奶酪

新鲜奶酪的生产通常是完全依靠酸凝乳使牛奶凝固，而硬质奶酪则几乎是完全依靠凝乳酶来凝乳，在二者之间的软质奶酪，则往往会同时使用酸凝乳和凝乳酶生产。牛奶凝固以后，排出的液体我们称之为乳清。新鲜奶酪只是简单地靠过滤或者离心排出乳清，软质奶酪则会把凝乳切成小块儿以促进乳清的排出，硬质奶酪则多了一个压榨的过程，以尽可能多地排出乳清。也就是说通常情况下，越是接近于硬质奶酪，排出的乳清就越多。

很多新鲜奶酪在生产完之后立刻就可以吃，而其他的奶酪则通常需要先放置一段时间才可以吃，这段时间是奶酪的成熟期。越是偏硬质奶酪，成熟期越长，奶酪里的干物质含量相应也越多。

软质奶酪：凝乳后没有经过压制的软奶酪

食物上长了霉菌通常意味着不可食用，奶酪却是个例外。很多软质奶酪都长有霉菌，有的长在表面，有的长在内部。发源于诺曼底的卡门培尔小镇的一种软质奶酪，表面就长满了白茸茸的霉菌。你可以伴着淡淡的霉味连外皮一起把奶酪吃掉，也可以切掉外皮，只吃里面的部分。

这种软质奶酪同时采用了酸凝乳和凝乳酶凝乳的方法生产。软质奶酪的含水量要远低于新鲜奶酪，通常8kg牛奶才能生产出1kg的软质奶酪。

软质奶酪从模具里拿出来之后并不能直接吃，也需要在恒温恒湿的地方先放一段时间，这段时间就是前文提到的成熟期。软质奶酪的成熟通常需要几周的时间。比如卡门培尔奶酪，就需要10~15天的成熟期。在这期间，奶酪外表面的青霉菌会利用奶酪中的营养物质生长，同时慢慢改变奶酪的风味。当霉菌产生的白丝铺满奶酪表面时，奶酪内部也基本成熟了，这时候才可以包装上市。

软质奶酪种类丰富，既有表面长满白色霉菌的布里奶酪，又有里面长满蓝色霉菌的蓝纹奶酪。大家最熟悉的，常在比萨上见到的马苏里拉奶酪也属于这一类。

硬质奶酪：凝乳后经过压制的硬奶酪

硬质奶酪主要是利用凝乳酶凝乳。硬质奶酪与软质奶酪最大的区别，就是它更硬一些。如果把新鲜奶酪比作豆腐脑，软质奶酪比作豆腐，那硬质奶酪就是豆腐干了。经过压榨的硬质奶酪结构更紧密，含水量更低，通常10~12kg的牛奶才能生产出1kg硬质奶酪。

另一方面，结实的结构也使得硬质奶酪可以做得很大。比如原产于瑞士的最大的奶酪——埃门塔尔奶酪可重达80kg（需要1000kg牛奶）。由于这种奶酪个头太大，很少有家庭会整个购买，因此这种奶酪通常是切成小块出售的。动画片《猫和老鼠》里常见的那种奶酪就是埃门塔尔奶酪。

硬质奶酪不仅个头大，成熟时间也长，它的成熟期通常为2~3个月，个别甚至需要1～2年。其实，跟动画片演的不同，大部分硬质奶酪里面是没有那些孔洞的，只有在生产的时候加入丙酸菌的奶酪才能形成孔洞。这是由于在漫长的成熟过程中，丙酸菌可以发酵乳酸产生二氧化碳，从而在奶酪内部形成大大小小的孔洞。

硬质奶酪种类也很多，除了上文提到的埃门塔尔奶酪，大家熟知的车达奶酪也是硬质奶酪家族的成员。

就营养价值来说，奶酪，尤其是硬质奶酪，几乎相当于把牛奶浓缩了10倍，非常适合用来补钙。别人需要喝300ml牛奶才能摄入300mg的钙质，你只需要吃一小块（30g）埃门塔尔奶酪就解决了。而且奶酪中的乳糖，一部分会随着乳清流走，一部分在成熟的过程中被微生物分解了，所以乳糖不耐受的人也可以放心享用奶酪。不过，奶酪中含有比较多的饱和脂肪酸，吃得太多肯定会发胖的。

再制奶酪：添加其他成分重新制作出的奶酪

再制奶酪是对天然奶酪进行再加工的产物，具有天然奶酪所没有的特性。美国食品药品监督管理局（FDA）规定，再制奶酪的原料中至少应含51%的天然奶酪，其他成分包括添加剂、水，以及其他奶类原料，如奶粉、无水奶油和乳清等。而国家标准GB 25192—2010《再制干酪》规定，干酪的添加比例要大于15%。

通常来说，再制奶酪为了保持产品的稳定性，需要额外添加一些矿物盐，以及其他食品添加剂；为了改善口感，以及降低成本，还会添加其他的食品原料，如奶油、奶粉、乳清粉等。因此，给宝宝选择奶酪的时候应尽量选择天然奶酪而不是再制奶酪。

表 4.5　某再制奶酪的产品信息

名　　称	儿童成长奶酪
净 含 量	500g（共25只）/袋
产品类型	再制干酪
保 质 期	8个月
贮存条件	2~12℃保存（冷藏为佳）
配　　料	水、奶油、干酪、白砂糖、脱脂乳粉、浓缩牛乳蛋白等
口　　味	原味
适用人群	36个月以上儿童

　　表4.5是一款非常畅销的再制型儿童奶酪的产品信息，这款奶酪的配料表中排在前两位的是水和奶油，第三位才是干酪，而且含有白砂糖，所以这款畅销产品其实并不是最优选择。

　　由于我国规定再制奶酪必须在包装上标明，所以通过查验奶酪外包装就可以判断是否是再制奶酪了。但生产厂家各有区别，有的会写在正面包装上，有的则用很小的字写在背面或者不起眼的角落里，所以大家购买的时候要仔细检查包装。

　　再制奶酪虽然营养通常不如天然奶酪，但是在储存运输方面要优于天然奶酪。由于中国并不是天然奶酪生产大国，市面上的天然奶酪通常需要从国外进口，而且需要全程冷链，这就使得天然奶酪价格昂贵且不易购买，购买了不及时吃完也容易变质。再制奶酪则不受这些限制，它通常不需要冷藏储存（具体以包装信息为准），价格更低廉，储存更方便，保质期也更长。

　　如果选择再制奶酪，要具体产品具体分析。有的再制奶酪的主要成分是新鲜奶酪，在此基础上增加了奶油，相对来说含盐量比较少，口感也适合儿童，相对于其他的再制奶酪，这种产品就比较适合给低龄儿童吃；而有的再制奶酪加入了大量的糖，甚至个别产品接近20%都是糖，奶酪只占了一小部分，从健康的角度来说，这样的产品就不如前面说的那种再制奶酪了。

■ 那些有趣的奶酪们

曾经听说过这样一则法语笑话：有一个美国人、一个法国人和一个比利时人在野外遇到了一个神。神说："我今天高兴，打算满足你们每人一个愿望。看到那边那个坑了吗？你们依次跑过去，说你们想要什么，坑里就会充满你要的东西。"美国人说："我先来！"于是跑过去，快到坑边时一下子跳起来大喊："美元！"然后他就落到了全是美元的坑中。法国人说："该我了！"然后跑过去，大喊："奶酪！"于是法国人得到了满满一坑的奶酪。最后，轮到比利时人了。比利时人一边跑一边想该要什么，等跑到坑边，忽然闻到一股奶酪的臭味，忍不住嘟囔了一句："大便的味道。"

从这个笑话中能看出如下信息：①法国人喜欢奶酪。②奶酪很臭。那么奶酪这种食物到底有什么独特之处以至于让法国人民如此喜爱呢？不妨从法国300多种奶酪中选出几种比较有特色的来看一看吧。

个头最大的奶酪——埃门塔尔

相信很多人和我一样，对奶酪的第一印象是来自于动画片《猫和老鼠》，经常能看到杰瑞抱着一大块黄黄的、三角形的、还有很多孔洞的奶酪到处躲避汤姆。我在小时候一直对这种奶酪很好奇，它是什么味道的呢？为什么要在上面挖那么多孔洞呢？

动画片里的那种奶酪就是原产于瑞士的最大的奶酪——埃门塔尔奶酪。这种奶酪一个就重达80kg，做一个这样的奶酪大约需要1000kg牛奶，的确是奶酪家族中的大个头了。由于埃门塔尔奶酪个头太大，很少有家庭会整个购买，因而这种奶酪通常都是切成小块儿出售的。

这种奶酪不仅个头大，生产工艺也很复杂，而且在成型后不能马上出售，需要成熟一段时间，等奶酪中的发酵菌发酵完成后才能出售。埃门塔尔奶酪的成熟期很长，通常需要2~3个月，个别的为了达到某种特定的风味，甚至需要1年！

由于埃门塔尔奶酪在生产的过程中加入了丙酸菌，在漫长的成熟期内，丙酸菌可以使奶酪中的乳酸发酵，产生二氧化碳，从而在奶酪内部形成大大小小的孔洞。在这期间，技术人员还会不定期地用特定的工具在奶酪上取样，来观察内部气孔的分布情况，因为这些气孔的大小和分布情况都是重要的质量指标。

埃门塔尔奶酪的味道比较清淡，奶香中混着一股淡淡的杏仁味，大多数人都可以接受。不仅是个头大，就营养价值来说，埃门塔尔奶酪也算得上是奶酪中的王者了。由于它几乎相当于把牛奶浓缩了12倍，非常适合用来补钙。

长毛的臭奶酪——卡门培尔

因为法语外教，我才接触到卡门培尔奶酪。那时她父母来中国探望她，顺便带了些奶酪给我们品尝。她事先就告诉我们，奶酪的气味比较怪，像厕所的气味。到了品尝的那天，打开小木盒，看见了一块毛茸茸的白色物体，扑面而来的，是一股臭脚丫子味。那天还尝了其他几种奶酪，但是我唯独记住了卡门培尔，因为它的包装盒是木质小盒，更因为它满身白毛，还最臭！

这次品尝奶酪给我留下了深刻的印象：奶酪是臭的，不适合中国人的口味。在以后很长一段时间里，虽然生活在号称有1000种奶酪的法国，我也一直对奶酪敬而远之。由于专业的关系，我经常会接触到奶酪，也知道奶酪有丰富的营养价值，但是一直没有主动去买过奶酪。有时和老师们聊天，提到奶酪，他们总是告诉我："总有一种奶酪会符合你的口味的。"看着超市里琳琅满目的奶酪，我也想过买来尝尝，但是始终觉得没有那个勇气。

在法国生活1年之后，在一次实习中，我亲手学习制作了这种起源于诺曼底地区的卡门培尔奶酪，亲眼看到牛奶是如何

一步步变成了长满绒毛的奶酪。最后品尝的时候，我意外地发现，这次的卡门培尔没有了印象中的臭味，相反，有一股浓浓的奶香味。

那么这种奶酪为什么会满身白毛，又为什么会发臭呢？

这自然要从它的生产工艺说起。这种奶酪在生产过程中，额外加入了一种特殊的霉菌——卡门培尔白霉菌。在奶酪生产的成熟期里，正是这些霉菌首先在奶酪表面生长起来，一方面避免了其他有害杂菌污染奶酪，更重要的一方面，则是通过代谢奶酪中的营养物质来改变奶酪的酸碱环境，从而让奶酪中的其他发酵菌得以在内部继续生长，卡门培尔奶酪因此便拥有了那种独特的风味。

一般来说，正常保存的卡门培尔奶酪是不会那么臭的，但是如果保存温度不得当，让奶酪中的各种菌过度发酵，则会产生过多的风味物质，于是奶酪闻起来就变得臭烘烘的了。

出自岩洞的蓝霉奶酪——洛克福

说起洛克福奶酪，不得不提到一个传说。相传当年有一个牧羊少年，一日他在山上找了一处岩洞准备吃午饭，突然发现远处有一名美女。于是这名少年便放下他的新鲜羊奶酪和面包，跑出去追赶这名女子，结果没追上。过了很久之后，当他再次路过岩洞，发现他上次留下的新鲜奶酪变成了一种长着蓝绿色霉菌的奶酪。要是一般人，看到发霉的奶酪也就作罢了。可这位看到远处美女都会跑去追赶的少年自然不是等闲之辈，他尝了一下发霉的奶酪，洛克福奶酪就这样诞生了。

儿童牛奶、酸奶、奶酪，你应该知道得更多

洛克福奶酪是用绵羊奶做的，质地不像埃门塔尔奶酪那样结实、富有弹性，也不像卡门培尔奶酪那样柔软细腻，而是比较松软易碎。放入口中会尝到混合着一丝甜味的咸，口感比较厚重。多亏了这咸味，才能掩盖羊奶酪的那种膻味。

我第一次尝试这种奶酪时，瞬间就被象牙色的洛克福奶酪中均匀分布的那些长着蓝绿色霉菌的孔洞惊呆了。霉菌长在奶酪表面不足为奇，可洛克福奶酪是怎么让霉菌长在里面的呢？

洛克福奶酪在凝乳成型之后，多了一道用针扎的工序。针在奶酪上扎出一些孔洞，这样就能让需要氧气才能生长的洛克福霉菌在奶酪内部生长了。之后再把奶酪送入洛克福村当地的岩洞中等待成熟。岩洞中恒定的温度和湿度为霉菌的生长提供了良好的环境，3~5个月之后，洛克福奶酪便可以包装销售了。

如今，洛克福奶酪享有法国的原产地命名保护。法律规定，只有在洛克福村的岩洞里发酵成熟，并且在洛克福村切割包装的这种奶酪，才能以"洛克福奶酪"的名字销售。

王之奶酪，奶酪之王——布里

布里奶酪，类似于洛克福奶酪，也是以其产地命名的。不同之处在于，布里奶酪指的不是一种奶酪，而是指法国布里地区生产的一系列奶酪。法国的布里地区指的是巴黎以东的一片大约5000平方公里的区域，在这个区域生产的一类外观类似的奶酪都可以称为布里奶酪。为了以示区分，通常会加上产地名，如莫市布里（Brie de Meaux）、莫兰布里（Brie de Melun）、普罗宛布里（Brie de Provins），等等。在这一群"布里兄弟"中，最有名的当属莫市布里，"王之奶酪""奶酪之王"指的都是它。

为什么说莫市布里奶酪是"王之奶酪"呢？这还要从红桃K说起。扑克牌中红桃K上的那个吹胡子瞪眼的老头儿就是历史上有名的查理大帝。在公元774年，这位查理大帝曾经路过布里地区的一家修道院，在那里第一次吃到了莫市布里奶酪，觉得"味道棒极了"。不过单凭这一点就说莫市布里奶酪是"王之奶酪"，恐怕还难以服众。法国卡佩王朝的国王腓力二世也非常喜欢这种奶酪，并曾经在公元1217年，用这种奶酪当作新年礼物发给臣民。据说，法国波旁王朝的创建者亨利四世也喜欢把这种奶酪抹在面包上吃。还有记载说路易十五的妻子玛丽·蕾捷斯卡王后，曾经发明了把莫市布里奶酪塞到一种甜点里的新吃法。就连大家熟知的法国知名的"锁匠国王"路易十六，都在自己被逮捕后要求吃上一块莫市布里奶酪。由此看来，说莫市布里奶酪是"王之奶酪"的确是当之无愧的。

那又为什么说它是"奶酪之王"呢？这得从1814年的维也纳"吃货"会议说起。在那次会议上，30个国家和地区的"吃货"大使积极地讨论了谁家的奶酪最好吃的问题。在对每名大使带来的奶酪进行了一番品评之后，莫市布里奶酪被评为"最好吃的奶酪"，从而得到了"奶酪之王"的称号。当然，在那次会议上他们还顺便讨论了一下如何重新划分拿破仑战败后的欧洲。

说了这么半天，布里奶酪到底长什么样呢？布里奶酪看起来像一个大号的卡门培尔奶酪，也是一个长满了白色绒毛的圆盘，只不过这个圆盘更大，直径足有36cm。它和卡门培尔奶酪一样都属于软质花皮奶酪。生产一个3kg左右的布里奶酪，需要25kg牛奶。在1980年，莫市布里奶酪获得了原产地命名保护，因此，要想获得"莫市布里"的称号，除了需要在莫市附近的区域内生产之外，生产所用的牛奶也必须是没有经过巴氏杀菌的生牛奶，而且要严格按照传统工艺来生产。算上成熟期，生产莫市布里奶酪总共需要大约2个月的时间。至于吃起来的味道嘛，其实也和卡门培尔奶酪的味道差不多，更清淡一点儿，有一种淡淡的奶香味混杂着一点儿榛子的味道。适合搭配法国波尔多或者勃艮第地区的红酒一起食用。

修道士做的奶酪——修道院奶酪

在法国，奶酪生产工业化已经十分普遍。且不说那些日处理牛奶6万吨（1t=1000kg），专门生产80kg的埃门塔尔奶酪的工厂，就连生产200g的卡门培尔奶酪都用上了高效率的连续凝乳机。也就是说，在一条软的传送带形成的凹槽中，牛奶从一端不断地流进去，在传送带输送的过程中牛奶就不间断地完成了凝乳、切割的过程，从另一端出来的就是切好的奶酪块了。时至今日，普通小手工作坊做的奶酪已经很少见了，但是市面上仍然能买到由修道院的修士和修女们手工制作的奶酪，这就是修道院奶酪。和布里奶酪一样，修道院奶酪不是特指某一种奶酪，而是产自修道院的奶酪的统称。修道院奶酪通常还会在名字里注明是来自哪家修道院，比如塔米埃修道院、赛头修道院等。

为了保护自己做的奶酪，法国的修士们还于1989年联合创立了一个组织，来授权和管理一个名为Monastic的商标。这是一个类似于原产地命名保护的方法，谁要想在自家生产的奶酪上使用这个商标，那他的奶酪就必须是在修道院里由修士或者修女生产的。目前，有200多家修道院参加了这个组织。

　　在这些修道院奶酪中，比较有名的是上面提到的两种——塔米埃修道院奶酪和赛头修道院奶酪。这两种奶酪都属于硬质生奶酪，只不过外观、尺寸大小略有不同。前者比较大，每个大约1.5kg；后者比较小，大约700g。修道院奶酪没有埃门塔尔奶酪那样的大气孔，外皮也不像前面说的布里奶酪那样有白色的绒毛，而是比较光滑且呈橙红色。可能有人要问这类奶酪为什么是橙红色的，如果奶酪会说话，也许它会像《智取威虎山》里面的杨子荣那样来一句"精神焕发"。为什么这种奶酪会"精神焕发"呢？主要还是因为"经常洗脸"。

　　这种奶酪在成熟期，需要隔几天就拿出来用盐水洗洗，把表面的绒毛洗掉，这就是它表面会光滑的原因。洗奶酪的盐水里还添加了一种被称为红细菌的菌种，这种菌种在奶酪表面生长时就会产生一些橙红色的色素。于是，奶酪表面就变成了橙红色。这两种修道院奶酪味道都比较清淡，因此非常适合第一次接触奶酪的朋友。

能玩出花儿来的奶酪——和尚头奶酪

　　说完了修道院奶酪，再介绍一种同样出身于修道院的奶酪——和尚头奶酪。你可能会问，这奶酪的名字怎么取得这么古怪呢？这不得不提起一段往事。这种奶酪最早起源于12世纪瑞士伯尔尼州的一家名为Bellelay的修道院。当时，这种奶酪除了用来吃，还可以当货币用。后来，法国大革命爆发了，一群法国士兵赶走了修道院里的修士，意外发现了修士们的小金库里藏着成堆的奶酪！可能是由于这种奶酪通常呈直径10～15cm、高10～15cm的圆柱体状，很像人头，因而被拿破仑赐了个"和尚头奶酪"的名字。

其实，这种奶酪最特别的地方不是它的外观或者制作工艺，而是它的吃法。和尚头奶酪不能像其他奶酪那样切成块吃，而是要用刀子刮着吃。现在通常用一种专门的工具吃——一个木圆盘中间插一根圆杆，把奶酪穿在上面，然后用一个绕着圆杆旋转的刀片刮，可以很方便地刮出像花一样的造型，看起来非常文艺。

自从1981年这种工具被发明出来，和尚头奶酪的年产量就从1981年的200t增长到了2010年的2150t！看来文艺小清新是全世界人民的追求啊。

前面简单介绍了几种有特色的奶酪，尽管目前我国人民还没有吃奶酪的习惯，但是奶酪的确是一种既好吃又很有营养的食品，尤其适合用来补充钙质，生活中可以适当选用。

■ 奶酪应该如何保存?

很多人问我,买来的大块奶酪该如何保存?能保存多久?发霉了怎么办?这一节就仔细讲讲奶酪的保存问题。

与其他大多数乳制品不同的是,大家买到手的天然奶酪,里面都是含有活菌的。因此,在奶酪储存的过程中,这些活菌可能会进一步发酵,从而改变奶酪的质地和风味。奶酪在出售时,往往是处于最好的时期,至少是生产商所认为的最好的时期。因此,买回家的奶酪在储存时就要注意两个方面:一是尽量让奶酪保持其原有的风味;二是避免奶酪被其他微生物污染。

不同奶酪的保存重点

不同的奶酪有着不同的特点,自然也就有不同的保存要点。再制奶酪通常不含有活菌,通常也事先分到了小包装里,因此按照包装上的说明冷藏保存即可。而天然奶酪的保存就要具体情况具体分析了。

新鲜奶酪通常盛装在塑料或玻璃容器里,因此它们的保存相对简单,只要盖好冷藏就行了,保存方式跟酸奶类似,没什么需要特别注意的。新鲜奶酪在冷藏条件下,一般保存1~2周没有问题。具体也可以参考包装上的保质期。

对于软质奶酪和硬质奶酪,若是一次吃不完,最好把剩下的奶酪用它们原来的包装纸(如果有的话)包好,然后放在保鲜盒里冷藏保存。如果原包装不是纸而是真空塑料袋(进口硬质奶酪通常是这种包装),那么可以把吃剩下的奶酪用铝箔包好，再放到保鲜盒里冷藏。因为如果直接冷藏，奶酪容易变干，就不好吃了。

在保存得当的情况下，吃剩的软质奶酪可以冷藏1周左右，而硬质奶酪保存1个月左右通常是没问题的。某些硬质奶酪，甚至可以保存好几个月。个别硬质奶酪，在适宜的环境下，保存1~2年都没问题。

硬质奶酪除了冷藏保存，还可以冷冻保存。冷冻后如果要解冻，记得放在冷藏室解冻，且解冻一次之后切勿再次冷冻。冷冻过的奶酪其质地会受到影响，不过用于做菜，比如给宝宝做辅食，是完全没问题的。

奶酪发霉了怎么办？

很多软质奶酪表面或者内部本来就有白色、红色或者蓝绿色的霉菌，这些霉菌都是可以食用的。一旦软质奶酪上出现了其他颜色或其他状态的霉菌，最好直接扔掉。硬质奶酪表面发霉的时候，可以把发霉的部分切掉3cm，如果确认剩下的部分没有霉菌，那么剩下的奶酪一般仍然可以食用。当然,考虑到很多朋友购买奶酪是给自家宝宝吃的，一旦发霉了，就算把发霉的部分切掉了，剩下的部分出于安全考虑也不要给宝宝吃，还是大人吃了比较好。

为什么有的奶酪包装上写着"打开后30分钟内吃完"？

其实，我也不知道为什么进口商会在标签上写这么一句话。可能是进口商不太了解奶酪这类产品，也可能是他们认为

30分钟内吃完才能让消费者体验到奶酪的最佳风味。以我个人的经验看，大家可以不用太在意这句话。正常情况下，只要奶酪本身没有质量问题，打开30分钟之后，奶酪的质量也不会有多大变化。

奶酪可以邮购吗？

如前文所说，天然奶酪是一种里面含有活菌的产品。不管是海淘还是网购，普通的邮寄都无法保证全程的冷链运输。普通消费者也无法得知奶酪在运输之前，以及运输期间的具体状况，因此难以保证奶酪的安全。如果想网购奶酪，建议选择有正规冷链运输的商家。

最后，据说冷藏的奶酪，在品尝前1小时拿出来置于室温下，口感会更好，大家可以试试。

读者
提问

❓：超市里有好多儿童新鲜奶酪，适合给宝宝吃吗？比如这款，我看了配料表（见表4.6），加了糖和奶油，这款奶酪和酸奶差别大吗？

表4.6　某儿童奶酪的配料表和营养成分表

产品类型	未成熟干酪
配料	生牛乳、白砂糖、无水奶油、稀奶油、浓缩牛奶蛋白粉、明胶、双乙酰酒石酸单双甘油酯、果胶、鸡蛋黄粉、乳酸乳球菌乳酸亚种、乳酸乳球菌乳脂亚种、凝乳酶

营养成分表		
项目	**每 100g**	**NRV%**
能量	627kJ	7%
蛋白质	3.0g	5%
脂肪	9.5g	16%
碳水化合物	13.2g	4%
钠	60mg	3%
钙	120mg	15%

A：奶酪好不好关键看配料表和营养成分表。这款奶酪跟酸奶相比，脂肪和碳水化合物含量都高了不少，但是蛋白质相差无几，钙的含量跟酸奶的每100ml大约含100mg钙相比也没太大优势，所以并不建议购买，还不如喝酸奶。

Q：奶酪打开包装吃了一半，包装折起来在冷藏室放了半个月左右，现在外面有白色东西像是发霉了，是不是不能吃了，只能扔掉？

A：如果是硬质奶酪，切掉3cm，里面没事就不要紧。其他类型的奶酪则不行，如果发霉了就要扔掉。

Q：请问自制奶酪是否适合给孩子吃呢？

A：如果是自制新鲜奶酪，适合给孩子吃，做起来也不麻烦。如果是其他类型的奶酪，自制其实很麻烦，不如喝酸奶方便。

：我在超市看到一款宝宝奶酪，不过产品类型处标示的是"再制奶酪"，这种奶酪适合宝宝吃吗？

：再制奶酪并非都不好，关键要看它的配料表和营养成分表。绝大多数的宝宝奶酪都是再制奶酪，有些产品为了让宝宝更爱吃，往往会添加大量的糖和奶油，购买时要注意观察其中的糖含量和脂肪含量是否过高，如果过高就不适合宝宝食用。

自制快手奶酪

其实，老少皆宜的奶酪完全可以自制，下面就介绍几款快手奶酪的做法。

■ 易涂抹的奶酪——淡奶酪

原料和器具：

4杯全脂牛奶，1杯发酵乳，2大勺鲜柠檬汁，1/4小勺片状盐。

中号滤器或者滤网，优质干酪包布，耐热碗，容量为4杯的汤锅，温度计，搅拌勺，烘焙纸，勺子。

做法：

1.将干酪包布衬于滤器内，干湿均可。若想收集乳清，可以在滤器下方放一个碗，否则可以将衬的包布置于干净的洗涤槽内。

2.将4杯全脂牛奶倒入锅内,加热至80℃。

3.注意火候,每隔几分钟搅拌一次,防止牛奶表面形成奶皮。同时检查是否有牛奶粘在锅底(如感觉有牛奶粘在锅底,可以将火调小)。

4.当牛奶温度达到80℃时,加入发酵乳和鲜柠檬汁,搅拌均匀,凝固的过程即将开始。

5.将锅从炉灶上取下,静置5分钟。

6.注意正在冷却的锅。现在你可以看到凝乳与乳清明显分开了。轻轻搅拌凝乳数秒,观察质地的变化,然后将凝乳和乳清一起倒入衬了包布的滤器中。

7.静置以滤出乳清,直至凝乳呈浓稠的燕麦粥状。这个过程需要1~2分钟。然后,一边加盐一边搅拌。

8.将奶酪装入衬了烘焙纸的盘子中,挤压成车轮状。

9.快速将奶酪倒扣到餐盘中,揭去烘焙纸,就可以吃了。

注:这种奶酪可以抹在早点上食用,也可以蘸蔬菜食用。

■ 有嚼劲的奶酪——鲜奶酪

原料和器具：

全脂牛奶8杯，1/4杯苹果醋，1小勺片状盐。

滤网，优质干酪包布，耐热碗（用于收集乳清），汤锅，烹调温度计，搅拌勺，1/4杯，小勺，奶酪模具。

做法：

1.将干酪包布衬入滤网。如果要收集乳清，可以在滤网下面放一个碗，或者将衬了包布的滤网置于干净的洗涤槽内。

2.将8杯牛奶倒入锅中，逐渐加热至93.3℃。每隔几分钟搅拌一次，注意火候，防止奶的表面形成奶皮。同时，检查是否有奶粘在锅底，如果有奶粘在锅底，将火调小。

3.当温度达到93.3℃时，加入苹果醋，搅拌均匀。数秒之内，开始凝固。

4.将锅从炉灶上取下，轻轻搅拌凝乳1分钟（不要破坏凝乳块，转圈搅拌即可），此时凝乳块会收缩产出更多的乳清。

5.将凝乳和乳清一起倒入干酪包布中，轻轻搅动2～5分钟，滤出乳清，直到凝乳呈浓稠的燕麦粥状。

6.将盐撒入凝乳中，你也可以额外添加自己喜欢的香料。

7.充分搅拌，让凝乳进一步冷却、干燥。加盐，以及暴露在空气中有助于凝乳释放乳清。注意要快速搅拌，让凝乳有足够的柔软度，接下来压紧实。如果想要更干一点儿的奶酪，可以多搅一会儿。

8.收紧包布4角，在滤网中压榨凝乳。

9.将奶酪袋按压进模具中，包布叠整齐堆在奶酪顶部。

10.在凝乳上放一个重物，让凝乳中的乳清继续被压出来。

11.打开包布，取出奶酪。

注意：冷却时间越长，越容易切片。

■ 可以融化的黏性奶酪——农场鲜奶球

原料和器具：

2杯全脂牛奶，1大勺片状盐，1/2杯柠檬汁和3大勺柠檬汁。

大汤锅，大勺子，烹调温度计，1/2杯，大搅拌勺。

做法：

1.将牛奶倒入锅中，加盐，充分搅拌，使其溶解。

2.小火加热牛奶至40.5℃。

3.将1/2杯柠檬汁倒入锅中，充分搅拌。

4.凝乳开始呈波浪状，质地接近荷包蛋。如果没有看到凝乳和乳清分离，向锅中添加剩余的柠檬汁，每次一大勺，搅拌并等待30秒，看是否有明显的凝乳形成。

5.一看到凝固现象出现，立刻关火。确保锅中温度没有上升，小心翼翼地将干净的双手伸入锅中，捧起奶酪，将其团成直径7cm大小的球，同时挤出剩余的乳清。轻轻挤压可以制出柔嫩的奶酪片，使劲挤压可以制成湿润的奶酪碎屑。

6.完成了！你可以将奶酪切片或者捣碎放到菜品中食用。

三种奶酪制作方法选自北京科学技术出版社出版的《我爱奶酪》

Q：之前看过几本制作奶酪的书，上面都说要使用未杀菌的牛奶。用杀菌的牛奶做不出奶酪吗？

A：用市面上经过杀菌的牛奶也是可以做出奶酪的。做奶酪既可以用巴氏奶，也可以用未经巴氏杀菌的牛奶。用巴氏奶的好处是可以去除杂菌，保证产品质量的稳定。还有一些奶酪，尤其是比较传统的那种，要求用未经杀菌的生牛奶生产。这种情况下，对生乳的卫生要求就比较高了。在法国有不少奶酪若不用生乳生产，是无法获得原产地命名保护的。然而，这种用生乳生产的奶酪在某些国家，比如美国，是不符合食品安全标准的。

- 奶酪在一定程度上可以看作是牛奶的浓缩物，奶酪的营养非常丰富。一般10kg牛奶才能加工出1kg全脂奶酪。
- 奶酪可以分为天然奶酪和再制奶酪。天然奶酪又可以分为新鲜奶酪、软质奶酪和硬质奶酪。
- 再制奶酪是天然奶酪添加其他成分加工而成的。再制奶酪未必不好，只是很多再制奶酪为了迎合消费者的口味，添加了较多的糖和奶油，购买的时候要仔细看商品的营养成分表和配料表。
- 给宝宝选购奶酪时，建议选择软质奶酪和硬质奶酪。新鲜奶酪也不错，但国内比较少见。

第五章

奶粉，经过脱水的牛奶

奶粉因为经过干燥等处理，难免会流失部分营养物质，但是乳制品中最重要的两大营养物质——钙和蛋白质，都得到了很好的保留。普通全脂奶粉和纯牛奶的营养差别并不大，相比纯牛奶还更便携、更容易储藏。这一章将重点介绍各类奶粉的营养价值，以及不同人群的奶粉选购策略。

牛奶中含有88%左右的水分，过多的水分既不利于牛奶的保存，也不便于牛奶的运输。如果把水分去掉，把牛奶做成奶粉，则可以大幅降低保存和运输的成本。

对于消费者而言，喝牛奶除了选择液态奶之外，奶粉也是不错的选择。奶粉在生产过程中至少都经过巴氏杀菌，因此在保鲜这方面并不算好。然而，它的保质期却是最长的，没开封的奶粉在阴凉的环境中可以保存2年左右。奶粉因为在干燥前会经过一系列的热处理，会造成一部分对热敏感的营养成分的流失，但其最主要的成分——钙质和蛋白质，都得到了很好的保存。而且奶粉使用起来也很方便，想喝多少冲多少。除此之外，奶粉很适合长途运输，大家可以很方便地买到来自全国各地甚至国外生产的奶粉。

婴儿配方奶粉，母乳的最佳替代品

母乳是最适合宝宝生长发育的，是0～6个月的婴儿最理想的食物，这一点也早已是全世界所有医疗卫生机构的共识了。世界卫生组织建议对6个月以内的新生儿进行纯母乳喂养（只喂母乳，一般情况连水都不用加）；6个月之后可以逐步添加辅食，并同时保持母乳喂养到2周岁甚至更久。

如果说母乳喂养是主力，那么配方奶粉就是替补。能母乳喂养当然好，然而，有时由于客观情况，无论是妈妈身体的原因，还是工作或者环境限制，使得一些妈妈没办法纯母乳喂养，甚至无法母乳喂养——这时候，作为替补的配方奶粉就承担起了保障宝宝健康成长的重任。

配方奶粉是怎样生产出来的？

大家平时说的"婴儿奶粉"属于婴幼儿配方食品的一种——婴幼儿配方奶粉，还有一种叫"婴幼儿配方奶"的产品，两者的区别就像普通奶粉与牛奶。配方奶粉几乎不含水，现用现调配；而配方奶已经调配好，拿来即可食用。由于运输成本等原因，国内几乎没有婴幼儿配方奶，主要都是婴幼儿配方奶粉。为方便起见，下文简称为"奶粉"。

顾名思义，配方食品就是按照特定的比例，将各种营养素混合在一起制成的食品。婴儿奶粉的配方是以国际食品法典委员会公布的标准为基础，各厂商根据本国国情的国家标准和相关科研成果配置的。国家标准规定了奶粉所含各种必需营养素的最大值和最小值，互相之间的比例，以及部分可选营养素的允许添加量等。因此，单从营养的角度来说，合格的婴儿奶粉的营养成分就像那些幸福的家庭一样，本身差别是不大的；当然，不合格的奶粉，就像那些不幸的家庭一样，各自不同了。

人奶和牛奶差别很大，相信大家都能理解。毕竟人奶是给人类的宝宝喝的，而牛奶是给牛的宝宝喝的。举个例子说，牛奶中的蛋白质含量要远高于人奶，与之相反的是，人奶中的乳糖和多不饱和脂肪酸含量却远高于牛奶。婴儿奶粉作为人奶的替补，成分需要尽量和人奶一致。因此，尽管大多数婴儿奶粉是以牛奶为主要原料生产出来的，但它的成分却和牛奶有着天大的差异。

一般情况下，奶粉的生产是以牛奶为基础原料，再按比例添加其他营养素（蛋白质、糖类、脂肪、矿物质、维生素等），使得各项营养素的最终比例符合配方要求。当这些原料调配好之后，再经过巴氏杀菌，浓缩，最后通过喷雾干燥，制成奶粉。

当然，这个过程说起来简单，在实际生产时就比较复杂了。如在原料选取上，除了用牛奶作为蛋白质来源，也可以用大豆蛋白作为蛋白质来源，一些国家还允许用羊奶作为蛋白质来源；再如，奶粉中的脂肪可以部分来自牛奶脂肪，也可以完全来自于脂肪酸配比更合理的多种植物油。对于一些特殊配方，所使用的原料也是千差万别。另外，为了保证产品的质量，或者是为了简化工艺，有时候一些成分不是在最初就混合在一起的，而是在之后的某个工艺环节才被加进去的。

奶粉生产出来了，并不会立刻被装到奶粉罐里，而是要先"过五关斩六将"，经过多项检测。这些检测包括一些奶粉安全指标的检测，如看看奶粉中是不是含有有害细菌、各种营养素是否达标等。除此之外，还有很多看起来不那么重要，却与易用性相关的测试，如看看奶粉速溶性好不好，冲泡后会不会产生过多的泡沫等。当所有测试都通过之后，奶粉才会进入无菌车间，最后被分装到一个个奶粉罐里。

1岁以后的宝宝如何选奶粉？

关于如何给宝宝挑奶粉，我一直讲的是1岁以前看配方、1岁以后看钱包。为什么会这样说呢？因为对于0～6月龄的宝宝来说，母乳或配方奶是其唯一的营养来源。从7月龄开始，虽然宝宝会添加辅食，但是辅食的添加是一个循序渐进的过程，在7～12月龄，母乳或配方奶还是宝宝主要的营养来源。

1岁以后，宝宝的辅食更加丰富，只要能保证日常膳食多样化和营养均衡，每天摄入500ml左右牛奶或等量其他乳制品（如酸奶、奶酪），完全可以不需要配方奶粉。所以，不必太纠结1岁以后应该如何选奶粉，可以继续喝配方奶，也可以喝普通全脂牛奶，因为大多数营养素都可以从辅食中获得。

　　同理，儿童奶粉就更不是儿童的必需品了。虽然很多儿童奶粉都强化了钙、铁、锌、硒、牛磺酸等营养物质，这些营养也都可以从食物中获取，没必要花高价钱购买。如果不考虑经济因素，购买儿童奶粉只需要注意一点——不要买额外加糖的，因为糖会让孩子变得肥胖。

：当下随着消费观念，以及育儿观念的转变，孕妇奶粉越来越受到重视和追捧。孕妇奶粉值得购买吗？

：在回答这个问题之前，一定要先明确另外一个问题——喝孕妇奶粉是为了得到什么。

相比于普通的全脂奶粉，孕妇奶粉往往强化了孕期需要多摄入的营养素。如果日常膳食营养均衡，且每天能保证牛奶的摄入，就完全没必要再喝孕妇奶粉，喝普通牛奶、酸奶就可以。如果三餐不定，孕吐难食，就要考虑用营养素相对完善的孕妇奶粉补充营养了。所以说，孕妇奶粉并不是孕妈妈的必需品，需要准妈妈根据自身情况选择。

孕妇奶粉和普通奶粉的成分差异不是很大，比普通奶粉和婴儿奶粉的差别小得多，某种意义上，几乎与普通奶粉加点复合营养素片差不多。所以除了乳糖不耐受和牛奶过敏者，绝大多数人都可以喝孕妇奶粉。

：市面上有针对中老年人和女士的奶粉，可以不对应年龄段喝吗？

：中老年奶粉和女士奶粉，主要是商家在奶粉中稍微添加或者增强了几种营养素，比如钙质。所谓的"更营养"其实是商业噱头的成分居多。成人吃的食物多种多样，靠奶粉获得的营养只占总营养的很小一部分。这些奶粉任何人都可以喝，不对应年龄段没有问题。

- 普通全脂奶粉因为经过干燥等处理，难免会流失部分营养物质，但是乳制品中最重要的两大营养物质——钙和蛋白质，都得到了很好的保留。奶粉和纯牛奶的营养差别并不大，相比纯牛奶还更便携、更容易储藏，非常适合远行人群补充营养。

- 配方奶粉的作用是代替母乳。只要母乳充沛，完全不需要给孩子补充配方奶粉。

- 相比于普通的全脂奶粉，孕妇奶粉往往强化了孕期需要多摄入的营养素。如果日常膳食营养均衡，完全没必要喝孕妇奶粉，喝普通牛奶、酸奶就可以。如果三餐不定、孕吐难食，可以考虑用营养素相对完善的孕妇奶粉同步补充。老年奶粉、青少年奶粉也是同样的道理。

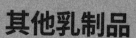

第六章

其他乳制品

　　说起乳制品，大家最常想到的产品就是牛奶、酸奶、奶酪、奶粉。其实，乳制品家族的成员并不止这些。这一章将介绍乳制品家族中的其他成员——稀奶油、黄油……

稀奶油和黄油——牛奶中的浓缩脂肪

　　说起黄油，大家都不陌生。即使没见过黄油，也吃过各式各样的黄油面包、黄油饼干。然而，有不少人还不知道黄油其实是一种乳制品。黄油（butter），台湾地区称之为奶油，香港地区称之为牛油。根据我国食品安全国家标准GB 19646—2010，与butter对应的是黄油或者奶油，而与cream对应的是稀奶油。

■ 黄油的历史：可吃，也可用

　　说起来，黄油也是一种有着悠久历史的食品。最早关于黄油的记载可以追溯到4500年前的一块石灰岩上，上面以图画的形式表现了当时黄油的生产过程。除了作为食品，由于当时黄油的珍稀，以及给人的纯净感，在许多文化中，它都曾被用于一些宗教仪式。

　　黄油在历史上的用途堪比万金油，被世界各地的人们广泛应用于日常生活中的方方面面。古希腊人和古罗马人曾经把黄油当作早晚霜涂在皮肤上，当作发蜡抹在头发上，以达到"油头粉面"的美容效果。而古埃及人则把黄油当作治疗眼部感染的药物，并涂抹在皮肤上治疗皮肤感染和烧伤。北欧人认为，食用黄油可以预防肾脏和膀胱结石。英国也有个古老的习俗，就是送给新婚夫妇一坛黄油，以祝福他们多子多福。

最初在欧洲，黄油被古罗马人和古希腊人视为野蛮人才吃的东西。直到15世纪以后，黄油才慢慢地来了一次华丽的转身，变成了财富与奢华的象征。然而，这一转身并没持续多久，随着工业化生产的发展，黄油的生产效率得以提高，生产成本大幅降低，原本作为奢侈品的黄油逐渐出现在了普通老百姓的餐桌上。

此外，现今还有很多艺术家以黄油为原料来创作艺术作品。

■ 稀奶油和黄油的关系

牛奶是一种乳浊液，其中含有3.6%左右的脂肪。这些脂肪以小脂肪球的形式分散在牛奶中，它们的直径很小，通常在$0.1 \sim 20\,\mu m$之间。为什么这些小脂肪球不会聚集到一起从而让牛奶分层呢？这就得说一说乳脂的构成。乳脂中有98%以上都是以甘油三酯为主的中性脂肪，剩下不到2%的则是以磷脂为主的极性脂肪。这些小脂肪球最里面是疏水的甘油三酯，在甘油三酯外面则包裹了一层由磷脂和蛋白质构成的膜。这层膜疏水的一侧靠着同样疏水的甘油三酯，而亲水的这一侧则露在外面，从而使得这些小脂肪球可以相对稳定地存在于牛奶中，而不会相互聚集起来。

虽然脂肪球与脂肪球之间不会融合聚集，但是它们的密度相比水还是更小一些，所以牛奶放置时间长了，脂肪就会慢慢浮到上层。利用这个密度的差异，我们就可以通过离心的原理把牛奶分成稀奶油和脱脂奶。

稀奶油含有大约40%的脂肪和大约60%的水分，这些脂肪也是以脂肪球的形式分散在水中。脂肪球被外表面的膜分隔着，彼此不能聚合，而脂肪球周围则被连续的水包围。于是我们说这是水包油。这时候，如果我们对稀奶油施加一个机械外力，破坏掉包围着脂肪球的膜，就可以让本来彼此孤立的脂肪球团结在一起。如果我们同时再保持一个较低的温度，让脂肪凝固（牛乳脂的凝固点在30℃左右），那么多余的水分就会与脂肪分离。慢慢地，凝固的脂肪小颗粒互相连在一起，形成一大坨。这时候，剩下的少量水分以小液滴的形式分散在脂肪中，水包油的局面逆转成了油包水，稀奶油就变成黄油了。

在实际的生产过程中，通常会先对稀奶油进行巴氏杀菌，一方面消灭其中的微生物，保证均一的产品质量；另一方面也可以让其中的脂肪酶和氧化还原酶失活，从而限制它们对乳脂的分解和氧化作用。还要在稀奶油中接种特定的乳酸菌，以发酵产生黄油特有的风味物质。再对稀奶油进行激烈的搅打，从而完成从水包油到油包水的反相过程。最后，则是通过缓慢柔和的搅拌，让不成型的黄油块变成均一的黄油。在最后这一步，还可以加入盐来生产咸黄油或者半咸黄油。通常，生产1kg的黄油，需要20L全脂牛奶（只利用其中的脂肪成分）。

▇ 黄油，高热量的美味要不要?

黄油是美味的，法国甚至有句老话叫"没有黄油，不成大餐"。黄油可以直接涂抹在面包上食用，也可以用来烹饪其他食物，还可以用来做糕点饼干。黄油中80%以上是脂肪，另外含有不到16%的水分，剩下的则是残留的蛋白质、糖类、矿物质，以及维生素等。黄油含有较高的热量，100g黄油含有3136kJ的热量，比巧克力的热量还高出许多（100g黑巧克力含有大约2200kJ的热量）。大家可能不知道的是，黄油除了能为人体提供较多的热量，还富含脂溶性维生素（维生素A、维生素D、维生素E、维生素K），尤其是维生素A，吃10g黄油就可以补充人体每日所需维生素A总量的8%。

然而，黄油也含有较高的胆固醇，每100g黄油含有240～280mg胆固醇，所以它被认定为是会引起心血管疾病等健康问题的食品之一。因此，已经有高血脂的人，黄油还是少吃为妙。不过对于脂代谢正常的人，适量食用黄油并不会给身体带来什么损害。由于黄油中的维生素在高温下容易被破坏，所以最好直接把黄油涂抹在面包上吃。虽然黄油也是乳制品，但是其中只含有微量的乳糖，因而乳糖不耐受的人，吃黄油也不会引起不适。

每天只吃一点点黄油，那买一块岂不是吃不完就要坏掉了？这倒不用担心，黄油的主要成分是脂肪，微生物不能在上面生存繁殖，唯一需要注意的就是脂肪的氧化和水解。如果储存温度过高或者包装不严，脂肪酸氧化或者水解可能会产生一些挥发性的酮类和醛类，让黄油产生难闻的气味。因此，每次食用时注意吃多少就揭开多少包装，将吃剩下的包好再放回冰箱。另外，如果买的量太多，可以将黄油冷冻，等需要吃的时候，提前5~6小时放回冷藏室解冻即可。

读者提问

问： 奶油和黄油也是乳制品，是不是也能用来补钙呢？

A： 奶油和黄油并不能用来补钙。常见的含有丰富钙质的乳制品包括：液态奶（巴氏奶，常温奶，奶粉）、酸奶、奶酪等，基本不含钙质的乳制品其成分是以乳脂为主的，比如奶油、黄油。

乳清蛋白粉：吃还是不吃？

乳清蛋白粉一直是一种受大家追捧的保健品，广告也宣传这是种珍贵而优质的蛋白质。乳清蛋白确实是一种优质蛋白，它被广泛用于生产婴幼儿配方奶粉，健身爱好者服用它还可以促进肌肉生长。但是，它并不像广告宣传得那么珍贵，制作奶酪时的下脚料乳清就是生产乳清蛋白粉的原料。而且对于饮食正常的成年人来说，乳清蛋白粉的性价比并不高。

■ 乳清原来是奶酪的下脚料

乳清蛋白粉，顾名思义，就是来自于乳清的蛋白粉。那么乳清是什么呢？实际上，乳清并不是什么新鲜事物。有时候你打开一杯凝固型酸奶，里面那些浅黄色的液体就是乳清。当然，乳清蛋白粉可不是用酸奶里那点液体做出来的，而是用生产奶酪过程中产生的大量乳清加工出来的。

要知道，牛奶中有两类蛋白质，一类是大个头的酪蛋白，另一类是小个头的可溶性蛋白。奶酪就是通过让牛奶（也可能是羊奶等）中的酪蛋白凝结加工而成的。通常大约10kg牛奶才能生产出1kg奶酪，剩下的那9kg就是乳清了。

人类发明奶酪有几千年的历史了，这几千年中的绝大部分时间里，乳清都被直接倒掉，或者被当作下脚料拿去喂猪。一直到20世纪，随着乳品工业的发展，乳清的产量越来越大。一方面是出于环保的考虑——乳清不能直接排放进河里；另一方面，企业也希望能从这些"下脚料"里捞点钱出来，于是人们才开始研究如何利用乳清。所以，这乳清蛋白粉虽然是好东西，但却并不像广告宣传的那么珍贵。

■ 乳清里的营养物质

乳清中都有什么呢？乳清里90%以上都是水。由于奶酪留住了绝大部分的酪蛋白和脂肪，因此乳清中的干物质主要是能溶于水的那些物质，包括牛奶中绝大多数的乳糖、可溶性蛋白、矿物质，以及一些水溶性维生素。乳清中的这些可溶性蛋白，就被称为乳清蛋白。

乳清蛋白中主要是β-乳球蛋白和α-乳白蛋白，以及少量的血清白蛋白。通过膜过滤的手段把乳清中的蛋白质浓缩，然后再喷雾干燥，就得到了浓缩乳清蛋白粉。

■ 我们需要乳清蛋白粉吗？

很多人都知道，有一些氨基酸是人体自身不能合成的，必须通过食物才能获得，这些氨基酸被称为必需氨基酸。乳清蛋白含有这些必需氨基酸，并且又非常容易被消化吸收，因此乳清蛋白的确是一种优质的蛋白质，也被广泛应用于生产婴幼儿配方奶粉。

对于健身爱好者，乳清蛋白粉也是一种非常好的蛋白补充剂。在阻力锻炼后半小时内补充高蛋白食品能增加肌肉组织的生长，从而取得更好的健身效果。其他人适量地吃蛋白粉，对身体也是有益无害的。

不过，尽管乳清蛋白粉有种种优点，但它并不是不可替代的。实际上作为一个健康的成年人，每天维持正常合理的膳食搭配，是不会缺乏蛋白质的。除此之外，我们作为普通消费者，还要考虑一个性价比的问题。现在市面上一罐400g的乳清蛋白粉售价在200～300元，相当于每花费1元钱才买来不到2g蛋白质——远不如花同样的钱去吃个鸡蛋来的实惠（1个鸡蛋中大概含6～8g蛋白质）。

奶片可以代替奶粉和牛奶补钙吗？

有人问："最近乳糖不耐受越来越严重了，连喝酸奶都不舒服了，可是吃奶片却没事，奶片怎么这么神奇呢？可以用奶片代替牛奶补钙吗？"

想解开这个谜团，不妨先看看奶片里都有什么成分。随便找来一款奶片，先不管配料表，只看三大营养成分：蛋白质、脂肪和糖类，每100g奶片含有7.5g蛋白质、20.5g脂肪、60g糖！如此高糖高脂，怪不得奶片那么好吃呢！

等等，奶片的主要成分不是奶粉吗？这比例怎么有点儿怪？我们如果把奶片、全脂牛奶和全脂奶粉的基本成分做个对比就会发现，奶片中蛋白质含量仅仅是牛奶中蛋白质含量的2.5倍。可不要忘了，牛奶中约88%都是水分啊！然而，奶片中脂肪和糖类的比例却远高于全脂牛奶中相应成分的比例。

再来对比一下奶片和全脂奶粉，奶片中的蛋白质含量仅仅是全脂奶粉中蛋白质含量的1/3！

考虑到奶片的主要成分是全脂奶粉，奶片中的蛋白质几乎都来自于奶粉，那以蛋白质含量作为基准，按照蛋白质比例就可以推算出，每100g奶片中，仅仅含有大约31g全脂奶粉。

那剩下的69g是什么呢？看看配料表：优质奶粉、植脂末、麦芽糊精、葡萄糖、二氧化硅、食用香精。除去奶粉，第二大成分就是植脂末，排在其后的是麦芽糊精和葡萄糖，奶片浓浓的奶香味主要就归功于植脂末。然而，植脂末中却含有大量的氢化植物油，氢化植物油在生产的过程中容易产生反式脂肪酸，而反式脂肪酸可能会增加心脑血管疾病的风险。当然，按照国家标准正常使用一定量的植脂末是没有问题的。尽管如此，相较于奶粉，奶片也含有更高的脂肪和糖分，摄入过多也不利于健康。

让我们再回到开头提到的问题，我想这下大家应该明白了。奶片之所以不会引起乳糖不耐受，一方面原因是奶片本身含的乳糖就少，100g奶片仅含有约1/3的全脂奶粉，也就是说仅含有相当于30g奶粉中所含的乳糖；另一方面原因是，谁都不会大把大把地吃奶片，每次只会吃一两片，单次摄入量较少。因此，即使是乳糖不耐受的人，吃奶片一般也不会有事。

再来说说补钙。奶片中的钙也来自于奶粉。奶片中全脂奶粉只占约1/3，你吃100g奶片所能补的钙，跟别人吃30g奶粉或者喝200ml牛奶所获得的钙质相当。即使有乳糖不耐受，与其靠大量吃奶片补钙，还不如多次少量地喝牛奶，或者选择酸奶、奶酪、无乳糖奶或者低乳糖奶等乳制品。

❖ 本 章 小 结 ❖

◆ 稀奶油和黄油中含量最高的是脂肪，二者并不能用来补钙。

◆ 奶片的价值不可与全脂奶粉等同。奶片配料表中，全脂奶粉仅占不到一半，其余还有植脂末、麦芽糊精、葡萄糖等成分。相比全脂奶粉，奶片含有更高的脂肪和糖分，起不到补钙的作用。

总 结

到底应该怎么给孩子选乳制品?

这本书看到最后,我们衷心地希望每个家长都知道该怎么给孩子挑选乳制品了。如果你现在还是一头雾水,没关系,看看下面的总结。

和宝宝有关的乳制品基本可以分为4类:牛奶、新鲜发酵乳制品、大多数奶酪、奶油制品和甜品。我们逐个来看一看。

牛奶

这一节的标题准确地说不应该是牛奶,而应该是液态奶。液态奶主要包括常温奶、低温奶(巴氏奶),以及奶粉。对,你没看错,我的确把奶粉也放在了液态奶里面。因为,大多数人都是把奶粉用水冲调了才喝的,少数人除外。况且,国内有不少常温奶也使用了复原乳（也就是把进口的奶粉兑水，复原成的液态奶），因此，把奶粉归为液态奶并无不妥。不过要注意的是，这里的奶粉指的是普通奶粉，并非婴幼儿配方奶粉。具体再细分下去，又包括全脂奶、低脂奶和脱脂奶。

这一类乳制品的最大共同点，就是牛奶中的主要成分都没有明显的改变。由于牛奶（以及羊奶）中的蛋白质容易引起部分婴儿的过敏反应，因而通常不建议过早给宝宝喝液态奶。一般建议至少要在宝宝1岁之后，才可以逐步引入液态奶。对于父母有过敏史的宝宝，还可以进一步推迟到2岁甚至3岁之后。

由于乳脂可以提供一些人体必需的脂肪酸，以及脂溶性维生素，因此给宝宝喝的牛奶最好是全脂奶。至于是选择常温奶、巴氏奶还是奶粉，这就由各位妈妈根据具体情况自己定夺了。从补钙和营养的角度来看，这3种奶没有太大差别。区别只是口感、易用性和价格而已。值得注意的是，如果是生牛奶，一定要煮沸后再给宝宝喝。通常，100ml液态奶含有约100mg钙质。一天喝300ml牛奶，即可满足一个儿童一天所需钙质的30%。

新鲜发酵的乳制品

　　新鲜发酵的乳制品主要就是指那些在生产过程中经过了发酵，却又无须像奶酪那样经历漫长成熟期的一些乳制品。为首的就是大家所熟知的酸奶和其他发酵乳，除此之外，新鲜奶酪也属于这一类。酸奶和新鲜奶酪的共同点是都经过了乳酸菌的发酵，把其中的乳糖变成了乳酸，从而使得奶中的蛋白质在酸性环境下变性，形成了半固体状的凝乳。酸奶和新鲜奶酪最大的区别，就是酸奶在发酵后没有经历新鲜奶酪所经历的"沥水"步骤。

　　由于这类产品中的大部分蛋白质也在发酵的过程中被水解了，所以通常更不容易引起过敏。因此，在宝宝7个月开始添加辅食后，家长就可以根据情况开始给宝宝少量尝试无糖酸奶了，1岁后再正常摄入。如果没有问题，那么后面可以尝试逐步给宝宝添加新鲜奶酪。如果有条件，最好选购那种专门为宝宝设计的、补充了铁元素的酸奶或者新鲜奶酪。

奶酪

　　对于大多数消费者来说，奶酪还是一种比较新鲜的食物。奶酪有很多种，可分为天然奶酪和再制奶酪。天然奶酪又分为新鲜奶酪、软质奶酪和硬质奶酪3种。新鲜奶酪由于不涉及后期成熟的过程,我们把它从这一部分中剔除。剩下这3种该如何区分呢?其实很简单:看一看,捏一捏。

看一看:如果这种奶酪的包装是很整齐的小片或者小块装,包装上也没有标明特别的奶酪名,那这个产品很可能是再制奶酪。如果再看到配料表里除了奶酪还有水、白砂糖、奶粉、黄油等成分,那就可以肯定这是再制奶酪了。相反,如果奶酪能看出来是从某个整体上切下来的一部分,带有明显的外皮,那一般就是其他两种天然奶酪了。最后,再捏一捏。软得像橡皮泥一样的就是软质奶酪;硬得像橡皮一样的,自然就是硬质奶酪了。

天然奶酪在发酵过程中,里面的蛋白质和乳糖通常都会在一定程度上被分解,因而相对于液态奶来说,更不容易引起过敏或者乳糖不耐受。然而,天然奶酪的制作过程中一般都会用到盐,而且其中不少奶酪的风味略重,因此并不适合过早给宝宝吃。

再制奶酪是以天然奶酪为基础原料,可能还会再添加一些奶粉或者糖分,重新制作出来的奶酪。这种奶酪的好处是通常口感更淡,更容易被宝宝接受。不过在选购时要仔细看看配料表和营养成分表,这是因为奶酪要比脱脂奶粉贵很多,有部分厂家可能会减少其中奶酪的含量,大量使用奶粉等更便宜的原料。另外,建议选择碳水化合物比较低的产品。

大约在宝宝1岁后,可以偶尔给他一点奶酪块,让他学习用手抓着吃,好让宝宝适应不同食物的口感。对于这个阶段的宝

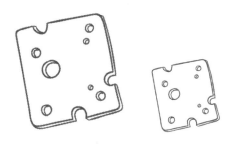

宝，最好是给钙含量高而钠含量低的硬质奶酪，比如埃门塔尔奶酪。当然对于儿童，可以根据他们的喜好，给他们尝试多种多样的奶酪。奶酪除了直接吃，还可以作为烹饪原料，掺在其他食物里。

硬质奶酪的钙含量很高，通常每100g奶酪大概含有800~1000mg的钙，也就是说，一个儿童只需要每天吃30g这种奶酪就可以满足其一日所需钙质的30%了。再制奶酪的钙含量因产品而异，大家要根据产品的营养成分表了解其中的钙含量。

奶油制品和甜品

这一类主要包括黄油、各种奶油，以及用奶油和其他原料制作的甜点等。尽管也有奶的成分在里面，但是这类产品通常脂肪和糖含量很高，也几乎不含有钙质，因而不建议过早地让宝宝接触这类食物。即使是对于3岁以上的儿童，也应当适当地限制这类食物的摄入量。